U0662306

国家电网有限公司
STATE GRID
CORPORATION OF CHINA

电能替代工作
指导手册

农产品加工仓储领域

国家电网有限公司营销部◎编

中国电力出版社
CHINA ELECTRIC POWER PRESS

图书在版编目（CIP）数据

电能替代工作指导手册. 农产品加工仓储领域／国家电网有限公司营销部编. —北京：中国电力出版社，2019.4（2019.11 重印）

ISBN 978-7-5198-2996-4

Ⅰ.①电… Ⅱ.①国… Ⅲ.①电力工业－节能－手册②农产品加工－节能－手册③仓库管理－节能－手册 Ⅳ.①TM92-62

中国版本图书馆 CIP 数据核字（2019）第 052497 号

出版发行：中国电力出版社
地　　址：北京市东城区北京站西街 19 号（邮政编码 100005）
网　　址：http://www.cepp.sgcc.com.cn
责任编辑：孙世通（010-63412326）
责任校对：黄　蓓　常燕昆
装帧设计：锋尚设计
责任印制：钱兴根

印　　刷：北京博海升彩色印刷有限公司
版　　次：2019 年 4 月第一版
印　　次：2019 年 11 月北京第二次印刷
开　　本：710 毫米×1000 毫米　16 开本
印　　张：7
字　　数：98 千字
定　　价：25.00 元

《电能替代工作指导手册》
丛书编委会

《电能替代工作指导手册 农产品加工仓储领域》
编委会

主　　编　唐文升

副 主 编　孙鼎浩　张兴华　闫华光

委　　员　南国良　沙建峰　张玉雷　武玉丰　郝党强　李桂林
　　　　　钟　鸣

编写人员　（以姓氏笔画为序）
　　　　　万　飞　马　锴　付　涵　代永梅　冯艳丽　冯振超
　　　　　成　岭　刘华毅　阮文骏　孙世通　李克成　张　垠
　　　　　张宏宇　张林宜　张新鹤　张福生　陈　重　陈　峰
　　　　　陈　磊　夏振岭　郭红利　潘姝默

丛书序

　　实施电能替代是党中央、国务院作出的重大决策部署，对于推动能源生产和消费革命、落实供给侧结构性改革，具有十分重大的意义，是国家电网有限公司打赢蓝天保卫战、满足人民生活更美好需求的重要举措，是国家电网有限公司建设"三型两网"世界一流能源互联网企业的具体实践。2013年以来，国家电网有限公司全面贯彻党中央、国务院决策部署，主动承担央企责任，大力实施电能替代。经过多年努力，电能替代领域从无到有，规模从小到大，推进方式从试点示范到多领域、全覆盖替代，实现了跨越式发展，为促进社会节能减排、改善大气环境作出积极贡献。

　　为进一步拓展电能替代的广度和深度，推进电能替代工作常态化、制度化、规范化，国家电网有限公司营销部组织中国电科院，国网北京、天津、冀北、山东、浙江、河南、陕西电力，南瑞集团等单位的专业人员和技术专家，对近年来各领域电能替代工作加以总结、提炼，编写了《电能替代工作指导手册》系列丛书。

本丛书共分8册，分别为：

▶ 电能替代工作指导手册 **供冷供暖领域**

▷ 电能替代工作指导手册 港口岸电领域

▶ 电能替代工作指导手册 **电驱动装卸领域**

▷ 电能替代工作指导手册 居民生活领域

▷ 电能替代工作指导手册 商业餐饮领域

▶ 电能替代工作指导手册 农产品加工仓储领域

▷ 电能替代工作指导手册 农业生产领域

▷ 电能替代工作指导手册 电采暖领域

后期将根据工作需要，不断补充、完善本丛书。

本丛书内容丰富，语言简练，按照不同领域划分为各分册，各分册均由应用篇、案例篇和附录组成。应用篇介绍的是该领域的工作方法、步骤和流程，阐述如何发掘替代需求，提出典型领域解决方案，注重实用性、操作性，让电能替代工作人员看得懂、记得住、可执行，为开拓市场提供技术指导和支撑。案例篇是在应用篇基础上的具体实践，各案例来源于近年来各省电力公司实施的典型项目，经过筛选及规范整理后收录到丛书中，力求为电能替代工作人员提供借鉴与参考。附录以简单易懂的表现形式普及不同领域电能替代相关技术，供电能替代工作人员拓展专业知识领域，提升技术服务水平。

本丛书的出版发行，将对全面深入推进电能替代工作起到促进作用。

前言

　　农产品加工仓储领域的发展是一个集农业主、副产品生产、加工和储藏于一体的系统工程，可以消除农产品生产的地域和季节限制，极大地提高农产品附加值。随着食品化学、生物技术及其他相关学科的发展，传统的农产品加工工艺和仓储方式已不能满足现代化生产需要，大量新技术、新设备的应用提高了农产品加工装备的现代化水平。农产品加工和仓储领域的电能替代活动，将推进农业新技术及其电气设备的应用，显著改善农业生产活动的作业环境和技术水平，提高广大农民的劳动收入，加快农业领域的电气化发展。

　　《电能替代工作指导手册　农产品加工仓储领域》的内容主要分为三个部分，分别为应用篇、案例篇和附录。应用篇分别从客户需求调查、典型技术方案比选、项目建设与运维及项目后评价等方面阐述项目具体实施方法。案例篇分别选取电制茶、粮食电烘干、空气源热泵电烤房、冻干、微波烘干、电蓄冷冷库、食用菌行业热泵烘干和虾皮加工厂电烘道等农产品加工仓储领域应用典型案例。附录分别介绍了农产品加工仓储领域的干燥技术、机械冷库贮藏技术及深加工技术。

本手册可作为电能替代市场拓展一线工作人员开展具体工作的指导书，同时可作为农产品加工仓储领域电能替代市场拓展、替代技术、替代方案等理论学习教材。

编者

2019年3月

目录

第一篇

应用篇

▽

　　发展农业用电技术，促进农产品深加工，有利于提升农业现代化水平。农产品干燥领域的电能替代技术主要应用于加工过程中干燥环节，农产品仓储领域的电能替代技术主要应用于果蔬保鲜环节。据不完全统计，农业加工工艺中干燥的能耗占到农业领域能耗的40%~70%，应用领域非常广泛。各类农产品加工工艺不同，用能结构不同，工艺替代环节不同，电能替代新技术的应用与推广应重点考虑目标客户群及其对农产品加工工艺的不同要求，针对性地提出替代技术改造建议。

第❶章
客户需求调查

1.1 ▶ 应用领域概述

农产品加工和仓储用电技术的应用非常广泛。考虑应用领域的普及程度、替代潜力等因素，重点阐述农产品干燥领域、农产品仓储领域和农产品深加工领域。

1.1.1 农产品干燥领域

一、制茶领域

茶叶加工是将茶树鲜叶加工成各类商品茶的过程，主要包含晒青、凉青、摇青、筛青、炒青（也称杀青）、揉捻、包捻、焙干、挑梗和包装等。在整体生产工艺中，杀青和焙干是主要用能工序，部分用户会采用干柴、燃煤或燃气进行加热。以杀青机、烘焙机等电制茶设备替代原有工序中使用干柴、燃煤或燃气的设备，不仅可以精准把控加工中所需的温度，还可以节约人工成本。

二、粮食烘干领域

我国粮食主产区大部分为季节性气候，气候温和，湿润多雨。粮食春收容易受梅雨影响，夏收又会受夏涝和台风困扰，秋收时常阴雨连绵，这些因素造成粮食变质、发芽、霉烂，使农业丰产不丰收。粮食电烘干机主要用于高水分的水稻、小麦、玉米、大豆等谷物烘干环节，适合农场、粮站、种粮专业户使用。

三、木材烘干领域

木材中含有一定数量的水分，为了保证木材与木制品的质量和延长使用寿命，须采取适当的措施使木材中的水分（含水率）降低到一定的程度，这个过程叫做木材烘干。传统烘干方式大多采用燃煤或燃油方式，空气污染严重，并且受到政府强制停工限制甚至被禁止使用。空气源热泵烘干技术通过设定烤房内温度、湿度，烘干后的木材具有良好的尺寸稳定性、耐腐性和环保性，可满足多种木材加工工艺需要。

四、烤烟领域

烟叶的制作过程主要包括烟叶初烤、打叶复烤、烟叶发酵、卷烟配方、卷烟制作、烟支制卷、卷烟包装七项工艺流程。烤烟环节主要应用于前两个制作过程，决定了烟叶的最终质量和可用性，烘烤的最终目标是使烟叶烤黄、烤干、烤香。传统烤烟房以烧柴或者烧煤为主，房间温度靠经验控制，容易将烟叶烤焦、烤坏，给烟农带来经济损失。随着大气污染环境治理对燃煤的禁止，使用煤炭或柴薪的传统烤烟房已经逐渐被空气源热泵烤烟房替代，在提高烟叶烤制质量的同时，避免了煤炭或柴薪燃烧带来的环境污染问题。

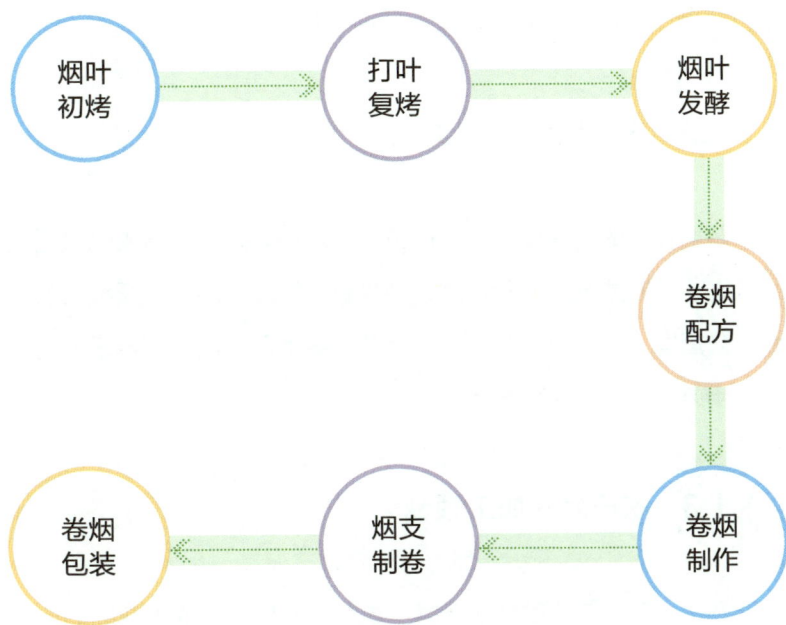

烟叶初烤 → 打叶复烤 → 烟叶发酵 → 卷烟配方 → 卷烟制作 → 烟支制卷 → 卷烟包装

烟叶制作过程

五、冻干领域

冻干机根据用途分为实验型冻干机和生产型冻干机两种。实验型冻干机在医药、生物工程、化工等领域得到广泛应用，多应用于大学实验室、研究院所；而生产型冻干机主要应用于生物制药、食品加工、农副产品加工等领域。与传统干燥方法相比，冻干技术能保持新鲜食品的色、香、味、形。在食品、农副产品加工方面，生产型冻干机可用于水果、蔬菜、肉类、冻干粉、菌类、汤料等的冻干加工环节。

六、微波干燥领域

传统的加热方式是热源通过传导、对流、辐射的方式，由表及里逐步进入被加热物对其进行加热，当被加热物体积过大时，被加热物里外温差较大，加热均匀性不好。微波加热技术与传统加热方式不同，它是通过被加热物内部偶极分子高频往复运动，产生"内摩擦热"而使被加热物物料温度升高，加热速度快且均匀。目前应用较广的真空微波干燥机集合了微波技术和真空技术，干燥质量更好。真空式微波干燥机主要应用于高附加值且具有热敏性的农副产品、保健品、食品、药材、果蔬、化工原料等的脱水干燥。

1.1.2 农产品仓储领域

果蔬类食品的制冷保鲜是通过风冷、水冷等方式降低储藏室温度，保持果蔬休眠状态，抑制果蔬的呼吸作用，减少有机物质的消耗，延缓后熟和衰老过程，抑制水分蒸发，降低果蔬腐烂率。目前，果蔬最常用的储藏设备是冷库。大多数冷库采用风冷和水冷两种方式。

1.1.3 农产品深加工领域

农产品深加工是把农产品按其用途分别制成成品或半成品的项目，如谷物深加工、薯类深加工、蔬菜深加工、水果深加工、特色农产品深加工等。高粱深加工除制作主食、酿制白酒、生产陈醋、加工饲料以外，还可以制成面包、食用色素、糖、蜡粉等。玉米深加工产品主要有玉米淀粉、玉米蛋白粉、玉米油、食用酒精、纤维饲料等数千个品种。蔬菜不宜保存过久，容易腐烂，将蔬菜再加工一下，可以制成脱水蔬菜、速冻蔬菜、粉末蔬菜等，更容易储存。水果深加工可以制作罐头、果汁等。花生、大豆等可以深加工为食用油、糕点等。

1.2 客户调研流程

1.2.1 客户细分

根据不同农产品加工产业规模，客户可细分为大型农产品基地、农业生产企业和普通散户三类。

大型农产品基地是指在全国或地区农产品经济中占有较重地位并能长期稳定地向区内外提供大量农产品的集中生产区域，如福建宁德菌菇生产基地、江苏泰州粮食生产基地等。

农业生产企业是指通过种植、养殖、采集、渔猎等生产经营而取得产品的盈利性经济组织，如郑州好想你枣业生产企业、贵阳南明老干妈风味食品生产企业等。

普通散户是指小型的农业种植户或从事简单农产品加工的个体户，大多数为家庭农场，如茶农、烟农等。

1.2.2 客户调研流程

农产品加工仓储领域电能替代客户调研应从客户挖掘开始，锁定客户范围；然后开展客户普查，寻找目标客户；接着开展客户筛查，锁定目标客户；最后资料汇总，建立信息资料库，针对目标客户，开展专项电能替代推广服务，如图

1.1所示。电能替代客户调研可针对大型农产品基地、农业生产企业、普通散户三种客户类型制定专项调研方案。

客户挖掘
- 工作方式：网上收集、政府公告、访问农业院所等
- 工作重点：寻找用能客户
- 操作人员：客户经理或台区经理

客户普查
- 工作方式：营业厅收集、电话访问、电子问卷等
- 工作重点：掌握客户用能信息
- 操作人员：客户经理或台区经理

客户筛查
- 工作方式：上门访问
- 工作重点：掌握客户改造信息
- 操作人员：客户经理或电能替代专责

资料汇总
- 工作方式：整理调研资料，针对专项客户推广
- 工作重点：整理专项改造信息，有针对性地提供推广服务
- 操作人员：电能替代专责或综合能源公司人员

图1.1　农产品加工仓储领域电能替代客户调研流程

一、大型农产品基地调研流程

大型农产品基地调研流程如图1.2所示。

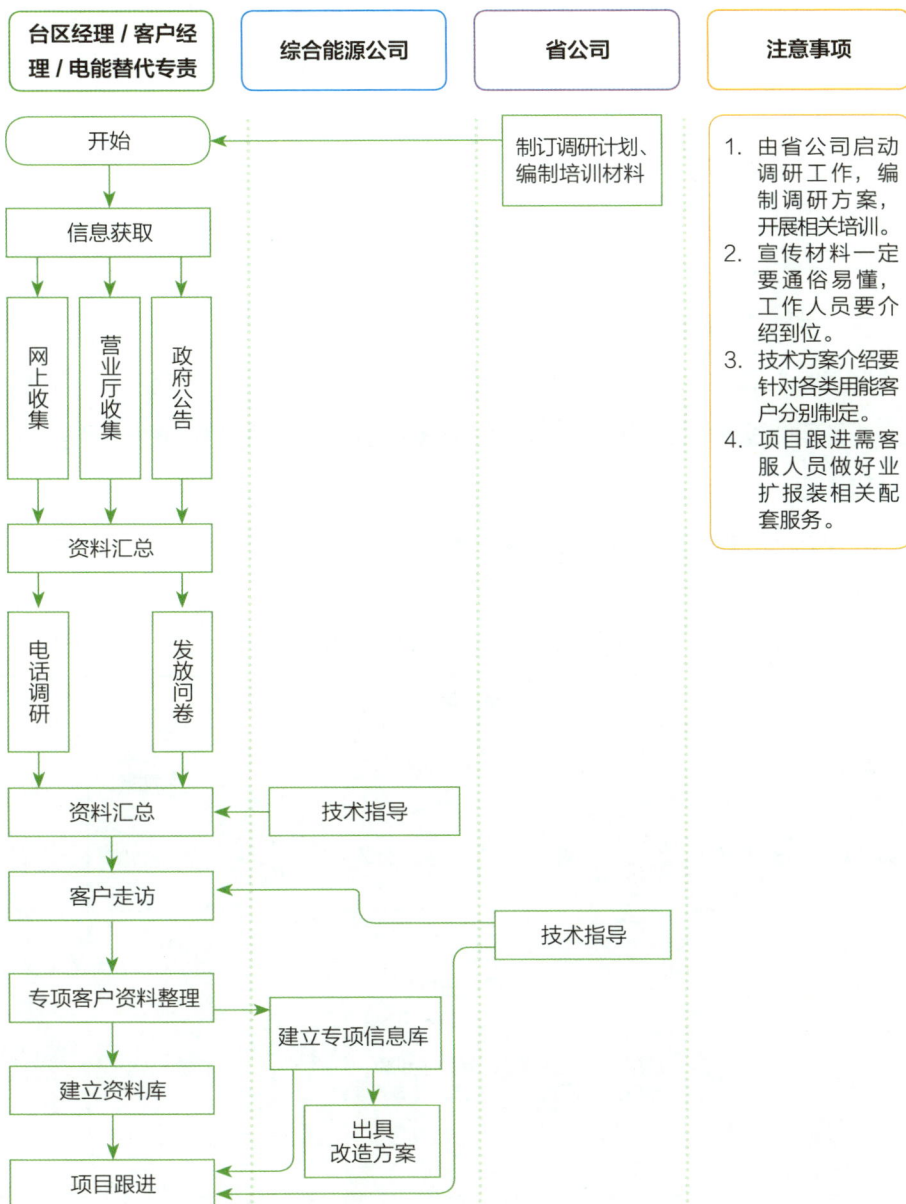

图1.2　大型农产品基地调研流程

流程图内容：

台区经理/客户经理/电能替代专责	综合能源公司	省公司	注意事项

- 开始 ← 制订调研计划、编制培训材料
- 信息获取
  - 网上收集
  - 营业厅收集
  - 政府公告
- 资料汇总
  - 电话调研
  - 发放问卷
- 资料汇总 ← 技术指导
- 客户走访 ← 技术指导
- 专项客户资料整理 → 建立专项信息库
- 建立资料库
- 出具改造方案
- 项目跟进

注意事项：

1. 由省公司启动调研工作，编制调研方案，开展相关培训。
2. 宣传材料一定要通俗易懂，工作人员要介绍到位。
3. 技术方案介绍要针对各类用能客户分别制定。
4. 项目跟进需客服人员做好业扩报装相关配套服务。

农产品生产一般受气候、地理因素影响，分布相对集中。如我国三大粮食主产区为黑龙江、河南、山东；花生主要分布在暖温带、亚热带、热带的沙土和丘陵地区；油菜主要分布在长江流域等。大型农业生产基地如江苏泰州粮食生产基地、四川安岳青柠檬生产基地、云南昌宁茶叶生产基地。

（一）客户挖掘

由客户经理通过地区产业规划、政府公告、传媒报道、客户信息查询、关联行业信息以及客户办理用电业务申请等多种途径掌握大型农产品基地信息。

（二）客户普查

针对农产品生产区域所有用能客户，组织客户经理通过电话或电子问卷调查方式调查客户基本信息，具体包括地区农产品类型、年产值、年耗能量、主要用能方式、用能设备、工艺流程、是否有改造计划等情况，并初步分析是否具备电能替代价值。

大型农产品基地客户信息调研表见表1.1。

表1.1 　　　　　　　　　　大型农产品基地客户信息调研表

基本信息					
地区		农产品类型		年产值		年实际耗能量	
用能设备	用能环节	加工工艺种类	煤炭（t）	汽/柴油（t）	天然气（万m³）	电（kWh）	是否有改造计划

设备信息						
燃料种类（煤、油、气、生物质）	品牌和型号	启用年份	铭牌蒸发量	用途（供暖、热水、蒸汽）	燃料年耗用量（t/年、万m³/年）	有无治污设施	是否已进行环保改造
示例：煤	中鼎 DZL	2009	35	热水、蒸汽	3000	有	是

（三）客户筛查

对计划改造用户进行专项调研，建议组织电能替代客户服务团队或电能替代专责，采用上门调研方式，了解其农产品加工方式、加工工艺流程、用能情况、顾虑因素或者阻碍因素等信息，向客户发放电能替代宣传折页，普及电能替代知识和相关优惠电价政策，并填写电能替代计划改造客户情况表，见表1.2。

表1.2　　　　　　　　　　电能替代计划改造客户情况表

客户信息					
客户编号		客户名称		供电单位	
行业类别		联系方式		电压等级（kV）	

现有生产设备信息					
生产设备		设备类型		年耗能量	
年工作时间（h）		设备投运时间		其他	

计划改造设备信息					
设备类型		技术类型		设备总功率（kW）	
年最大运行时间（h）		建设（改造）工期		改造投资额（元）	

效益分析					
项目	已有用煤设备	已有用油设备	已有（预计）用气设备	已有（预计）生物质设备	电能替代设备
所有能源	煤	油	天然气		电
能源单位	kg	kg	m³		kWh
能源热值（MJ）	22	42	36		3.6
热效率（%）					

效益分析				
年能源消耗量				
能源单价（元）				
能源费用（元）				
年人工费用（元）				
年总运行费（元）				
政策补贴				
设备寿命				
环境影响	污染物排放	污染物排放	污染物排放	无污染
改造制约因素				

（四）资料汇总

将所有大型农产品基地资料集中汇总，由电能替代专责或综合能源公司建立农产品基地资料库，对计划改造客户建立专项信息库，并细分农产品类型，分别建立子信息库，针对改造类型制定专项改造方案。

二、农业生产企业调研流程

（一）客户挖掘

通过网上搜集相关农产品生产企业信息，或查询政府相关部门公示的产业、土地规划，或邀请农业相关部门、农业研究院所开展座谈方式，了解农业生产企业信息。

（二）客户普查

按农产品类型分别组织人员开展电话或电子问卷调查，调研农产品类型、生产规模、用能模式、用能设备、年产量、是否有电能替代改造意愿等信息。

农业生产企业客户调研表见表1.3。

表1.3 农业生产企业客户调研表

客户信息				
客户编号		客户名称	客户姓名	客户联系方式
农产品类型	客户年产值估算（万元）	年实际耗能量	煤炭（t）	汽柴油(t)	天然气（万m³）	电（kWh）	是否有改造意愿

设备信息							
燃料种类（煤、油、气、生物质）	品牌和型号	启用年份	铭牌蒸发量	用途（供暖、热水、蒸汽）	燃料年耗用量（t/年、万m³/年）	有无治污设施	是否已进行环保改造
示例：煤	中鼎DZL	2009	35	热水、蒸汽	3000	有	是

（三）客户筛查

针对计划改造客户，组织人员进行上门访问，调研计划改造设备、改造规模、工程施工量、改造制约因素等，了解相关行业政策，向客户普及电能替代知识和相关优惠政策，并填写计划改造客户情况表（具体参照表1.1填写）。

（四）资料汇总

由电能替代专责或综合能源服务公司将所有农业生产企业客户普查情况资料表汇总，建立农产品生产企业资料库，对计划改造客户建立专项信息库，并细分设备类型，分别建立子信息库，制定专项设备改造方案。

三、普通散户调研流程

（一）客户挖掘

由客户经理上门访问农业院校和相关科研院所，了解农产品加工仓储散户生产现状、用能情况等相关信息，掌握不同农产品类型电能替代改造情况。

（二）客户普查

农业散户生产规模小，用电量小，分布较广，其多为低压用户。客户普查可以通过客户经理日常走访、营销系统查询或电子问卷调研方式获取。

（三）客户筛查

针对计划改造农业散户，应重点了解其改造成本，改造制约因素。这类客户一般用能设备单一，较多关注的是项目初投资和设备运行成本。

电能替代计划改造情况表见表1.4。

表1.4　　　　　　　　　　　电能替代计划改造情况表

客户信息				
客户名称		联系方式		供电单位
行业类别		电压等级（kV）		
现有生产设备信息				
生产设备		设备类型		年耗能量（t）
年工作时间段		设备投运时间		其他
计划改造设备信息				
设备类型		技术类型		设备总功率（kW）
年运行时间		建设（改造）工期		改造投资额（元）

效益分析				
项目	已有用煤设备	已有用油设备	已有（预计）用气设备	已有（预计）生物质设备	电能替代设备
所有能源	煤	油	天然气		电
能源单位	kg	kg	m^3		kWh
能源单价（元）					
能源费用（元）					
年总运行费（元）					
政策补贴					
设备寿命					
环境影响	污染物排放	污染物排放	污染物排放		无污染
改造制约因素					

第一篇 应用篇

（四）资料汇总

将调研所得资料集中汇总，建立农业散户资料库，对计划改造客户建立专项信息库，并细分设备投资制约和运行成本制约两类，分别建立子信息库，针对制约因素制定建议改造方案。

1.2.3 客户跟进

客户经理及时跟进电能替代改造进度，对计划改造客户给予技术支持、业务办理支持，对无改造计划客户定期沟通，了解客户用能情况变化，及时提供合理化建议，宣传落实电能替代优惠电价政策。

客户跟进方式见表1.5。

表1.5　　　　　　　　　　　客户跟进方式

客户类型	跟进方式	跟进重点
计划改造客户	1）设专人负责； 2）集中宣传、交流座谈、产品展示等	1）向大型农业生产基地客户重点宣传当地优惠政策和电价补贴政策，提高客户改造积极性，设专人提供电能替代项目全过程的跟踪服务； 2）向客户推介经济适用性强的电能替代改造方案；对农业散户应帮助其联系设备厂家，协助客户购进设备和改造配套用电设施，并跟进设备运行维护
无改造计划客户	1）大型技术交流会； 2）发放宣传材料	重点宣传电能替代优越性，并及时掌握行业发展动态，定期沟通企业发展情况、设备使用情况，及时推介农产品新型加工工艺和用能设备，提高客户改造积极性

1.3 电能替代潜力评估

根据客户调研数据资料库，针对不同电能替代设备的适用范围及农产品生产类型，综合分析潜力客户目前用能情况、用能规模，适用的替代设备、设备功耗，依据同类型电能替代改造方案，预测企业电能替代改造空间，按照当地物价水平、消费习惯等，预测其改造后的生产规模、用能情况、年产量，预计其替代电量、减排量等信息，评估其电能替代潜力。

1.3.1 资料准备

由电能替代专责整理各类企业用能情况，按同类设备进行汇总，重点统计其生产规模、耗能量等信息。

1.3.2 编制通用替代方案

由综合能源公司联合电能替代产业联盟企业针对不同用电类型客户，出具建议方案，选取最合理改造方案作为潜力评估依据，并制作电能替代改造方案集。

1.3.3 潜力预测

由电能替代客服团队依据不同地区能源价格，对同类设备改造项目选取最合理方案，综合计算潜力客户替代电量、减排量等。

1.4 电能替代潜力客户挖掘

1.4.1 存量客户挖掘

电能替代存量客户主要集中为目前采用燃煤、燃油供热设备和使用简易仓储设备的客户（企业或农户），存在集中改造或者自行改造的可能。存量客户调研流程重点在于客户信息获取、项目评估和项目推进。制约存量客户的主要因素多为设备初投资、设备运行成本等，这些客户大多顾虑设备投资风险和看重回报率。

存量客户挖掘方式见表1.6。

表1.6 存量客户挖掘方式

客户类型	客户挖掘方式
大型农产品基地	由供电公司牵头，综合能源公司联合电能替代产业联盟企业提供技术支持，在农产品主产区开展大型技术交流会，免费为客户做电能替代技术方案，并宣传设备租赁、合同能源管理等新型项目运维模式。客户经理在农产品收获季节向客户发放电能替代宣传折页，宣传电能替代政府支持政策
农业生产企业	在建立农业生产企业资料库后，综合能源公司联合电能替代产业联盟企业为计划改造客户出具电能替代技术改造方案，客户经理主动上门介绍方案，并提供相关设备增容改造建议，为客户开通绿色通道办理相关业务
普通散户	普通散户分布较广，台区经理应在农产品收获之前，向客户介绍电价支持政策、用电设施改造流程，并帮助客户快速办理相关业务

1.4.2 增量客户挖掘

电能替代增量客户多为地区行业规划、产业结构升级改造企业或新建企业类型。增量客户大多对电能替代设备缺乏了解，针对这类客户应从技术方案、设备改造效益评估、投资规模、投资模式等角度进行推介和跟进。

增量客户挖掘方式见表1.7。

表1.7 增量客户挖掘方式

客户类型	客户挖掘方式
大型农产品基地	客户经理可以在企业发展规划初期或获取到客户改造信息之后，以走访宣传形式对客户进行推介，发放电能替代宣传页，向客户宣传电能替代技术优越性、产品升级改造效益、电能替代政府支持政策、电价支持政策。在茶叶、烟叶、香菇等规划农产品产区，由客户经理联系当地农产品加工协会、农机局、农产品加工设备生产商等集中推介；针对大型农业生产基地，如粮食生产基地、菌菇生产基地等，建议重点介绍农产品工艺改造效益、改造项目实施效果、电能替代优惠电价政策、免费红线外电网投资优惠等
农业生产企业	在获取新建企业和设备改造企业信息后，由熟悉农业生产业务的客户经理主动上门走访，介绍电能替代技术、替代优势和相应补贴政策，引导客户产生改造意愿，鼓励企业以BOT、合同能源管理等新型项目运维模式投资建设，提高客户参与电能替代改造积极性
普通散户	建议从业扩报装前端入手，普通散户在用电申请报装前期，由客户经理主动推介电能替代技术，重点介绍电能替代设备改造效益、政府支持政策、电价支持政策、免费红线外电网投资等，引导客户使用电能替代设备

1.5 ▶ 电能替代潜力分析

客户调研信息资料库中涉及的客户数据量很大，不同行业电能替代改造设备不同，电能替代潜力不同，潜力预测应充分利用大数据分析工具，分行业、分地区、分改造设备类型筛选各类客户信息，挖掘有价值信息（供热设备、加工设备、设备能耗等），预测各种类型客户的改造规模，分析其电能替代潜力，采用数据分析工具，做出有效预测性判断，见表1.8。

表1.8 　　　　　　　　　　电能替代潜力分析

客户分类	潜力分析
按行业	根据客户产品特色分为制茶行业、烤烟行业等，对行业用能现状进行分类汇总，分析电能替代改造空间
按地区	不同地区农业政策不同，电价优惠幅度不同，电能替代改造经济性不同，针对不同地区分类汇总，分析该地区补贴力度增大后，预计电能替代改造潜力
按用能设备	针对不同用能设备替代类型不同，设备成熟度不同，工作效率不同，替代范围不同，分析电能替代预计替代电量

第2章
典型技术方案比选

2.1 常用替代技术

电能替代农产品加工仓储领域常用替代的技术有干燥技术、机械冷库贮藏技术和深加工技术。在此重点从各项技术的优缺点、适用范围等方面进行介绍。

2.1.1 农产品干燥技术

农产品干燥技术广泛应用于粮食、果蔬、菌类、茶叶、烟叶、木材、药材等的干燥，目的是赋予农产品储藏性及运输性，通常提到的农产品干燥过程的电能替代主要是用电能替代木柴、散煤、柴油等燃烧产生热量来完成干燥加工工艺。

一、电制茶技术

在茶叶制作方面，传统制茶方式主要分柴火加热和散煤加热，而炒茶方式主要分为人工炒茶和机械炒茶两种。电制茶是以电气化设备取代传统的烧煤、烧柴制茶，多用于茶叶集中产区，在茶叶杀青、蒸、炒、干燥等制作过程中，对原材料进行加热、保温，以起到脱水、固定茶叶品质的作用。

电制茶设备

优点

（1）大幅度提高茶叶质量水平、加工效率。

（2）有效降低茶农工作强度。

（3）实现生产全流程电气化，无污染，生产成本低。

适用范围 ▶ 茶农和茶叶生产企业。

缺点

（1）用电成本高，茶农多数居住在山上，用电稳定性差。

（2）制茶设备购置成本较高。

二、空气源热泵烤烟技术

在烟叶制作方面，燃煤烤烟为传统烤烟方式，严重污染环境，已经逐渐被取缔。烟叶烘烤企业多采用空气源热泵烟叶烘干设备，该设备采用高温热泵机组作为核心供热装置，整个系统分为制冷剂回路和空气回路，空气与高温高压的制冷剂在冷凝器进行热交换，被加热的空气经送风口进入烤房与烟叶进行热湿交换，将烟叶内的水分气化蒸发，完成热湿交换的热湿空气受控制系统控制或被排除烤房经蒸发器进行热回收，或再次经冷凝器加热进入烤房。

空气源热泵烤烟房

优点

（1）采用电力作为能源，生产过程中清洁无污染。

（2）能源利用率高，高温热泵机组能效比可达到4以上。

（3）烘烤性能稳定，能有效准确地实现烘烤工艺要求的各项指标，确保烟叶内在和外观品质。

（4）生产过程实现自动化控制与数据处理，节省大量的人力资源。

适用范围 ▶ 烟叶烘干集中烘烤。

缺点

（1）设备购置成本高。

（2）烤烟房在非烤烟季利用率低。

三、冻干技术

采用冻干技术的目的是贮存食品。食品之所以会损坏、腐烂、变质，主要是由外因和内因两个因素引起，外因是空气、水、温度、生物等的作用；内因是物质本身的新陈代谢作用。如果能使外因和内因的作用减小到最低程度，则能达到物品在一定时间内保持不变的目的。

冻干技术设备

优点	缺点
（1）冻干技术在低温下进行。 （2）在低温下干燥时，物质中的一些挥发性成分和受热变性的营养成分损失很小。 （3）干燥后产品能长期保存而不变质。	（1）设备初投资较高。 （2）运行成本较高。

适用范围 ▶ 果蔬、医药、海产品等生产企业。

四、微波干燥技术

与传统干燥相比，微波能量产生的热量取决于材料的微波吸收效率，包括材料的类型和介电性能。微波干燥机效率比其他干燥机效率都高，效率高的原因主要来自两个方面：一是微波穿透加热，让加热过程变得更为直接和短暂；二是食品干燥定型的质量好，不开裂。

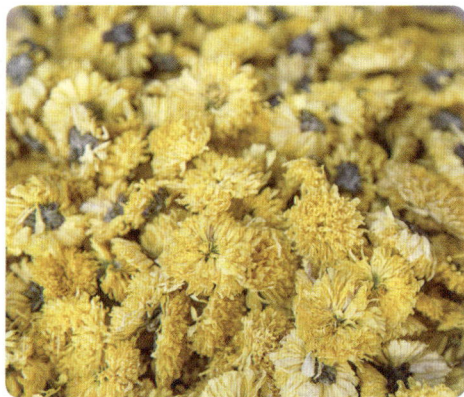

微波干燥技术

优点

（1）微波加热均匀。

（2）能迅速地控制反应温度。

（3）穿透能力强，能量利用效率高。

缺点

（1）设备投资高。

（2）运行成本高。

适用范围 ▶ 具有热敏性的农副产品、保健品、食品、药材、果蔬、化工原料等的脱水干燥。

2.1.2　农产品机械冷库贮藏技术

农产品的保鲜和加工是农业生产的延续，是农业再生产过程中的"二产经济"，保鲜和加工可带来高附加值。目前常用的农产品仓储保鲜方式主要有常温贮藏、机械冷库贮藏、气调贮藏等。常温贮藏是利用自然温度变化和简易的场所来维持一定的贮藏温度，一般分为堆藏、沟藏、窖藏、窑洞贮藏和通风库贮藏五种。机械冷库贮藏是利用制冷机组和保温隔热性能良好的库房，保持恒定的低温来进行贮藏。气调贮藏一般指在特定气体环境中的冷藏法。由于气调贮藏的成本较高，操作管理的难度也比较大，因此，适用于那些适合长期贮藏或经济价值高的水果和蔬菜。

机械冷库贮藏技术

优点	缺点
（1）有良好隔热性能的库房建筑结构。	（1）用电量相对高。
（2）有一套制冷机组，可人为设定恒定的温度。	（2）设备造价高。
（3）保鲜效果好。	

适用范围 ▶ 农产品集中制冷保鲜。

2.1.3 农产品深加工技术

传统的农产品加工建立在自然经济为主的基础上，大多凭借经验的积累进行生产，以手工操作为主；而现代的农产品加工则建立在机器工业的基础上，大都是进行批量生产的。农产品初加工是指对农产品的一次性加工，不涉及对农产品内在成分的改变。农产品深加工是指对农产品二次以上的加工，主要是指对蛋白质资源、油脂资源、新营养资源及活性成分的提取和利用。农产品深加工领域电能替代技术主要是压榨技术和杀菌技术。很多农产品深加工工艺是同时采用这两种技术的。初加工使农产品发生量的变化，深加工使农产品发生质的变化。

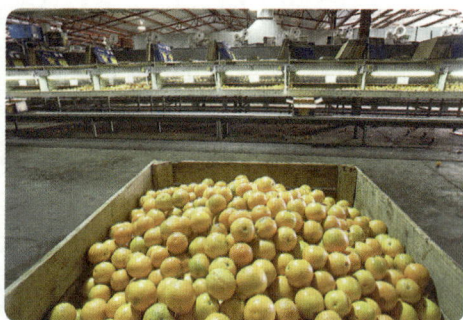

农产品深加工技术

优点

（1）提高农产品附加值。

（2）有效解决农产品滞销问题。

（3）保证了农民的利益。

缺点

（1）用电成本相对高。

（2）设备造价高。

适用范围 ▶ 大型农业生产企业。

2.2 典型方案比选

2.2.1 农产品干燥技术比选

在确定农产品干燥方式之前，需要综合考虑各种干燥方式的优缺点、经济性、设备使用寿命、社会效益等因素。不同干燥技术应用领域不同，电能替代技术方案比选主要根据不同技术应用领域，对使用电能与传统用能方式进行比选。

一、电制茶技术

传统制茶方式主要是燃煤，大量采用人工，适合小型农户，设备简单，操作复杂，不适合茶叶生产规模化发展；电制茶设备相对更安全、环保和节能，节约人力成本，适合大型制茶企业及产业特色区集中改造使用。

不同制茶方式情况对比见表1.9。

表1.9　　　　　　　　　　不同制茶方式情况对比

对比项目	柴火加热	散煤加热	燃气加热	电制茶
使用能源	木柴	煤炭	天然气	电能
单位能源价格	—	550元/t	3.2元/m³	0.56元/kWh

对比项目	柴火加热	散煤加热	燃气加热	电制茶
环保	污染环境	污染环境	普通客户只能通过购买液化天然气进行茶叶加工,存在安全隐患,且污染空气	安全,无污染
政府政策	无	政策禁止	政策支持	政策支持,有优惠电价政策
经济性	不适用于茶厂,干柴数量有限	人工成本相对较高,且茶叶成品率不高	燃气供应不稳定且燃气价格呈上涨趋势	设备购置成本相对较高,电能供应稳定且茶叶成品率高

注:不同地区能源价格应结合当地实际情况。

以某企业为例,人工制茶每千克茶叶燃气费约4元。改用电制茶后每千克茶叶电费约3.26元,节约成本0.74元。此外,按传统的人工制茶方式,一个小作坊要3~4人合作才能开工,加工费约每千克11.85元。采用电制茶后只需1个制茶技术工就可以进行所有的制作工序的操作,加工费约每千克茶叶4.74元。

燃气制茶和电制茶费用对比见表1.10。

表1.10　　　　　　　　　　燃气制茶和电制茶费用对比

对比项目	电制茶	燃气制茶
日产量(kg)	60	60
加工费用(元/kg)	4.74	11.85
能源类别	电能	燃气
制茶耗能费用(元/kg)	3.26	4
总费用(元/kg)	8	15.85

采用电制茶方式较传统制茶方式人工成本大大降低。电制茶设备设计时需考虑家庭最大可承载功率,并按照最大用电容量的80%采购设备。设备安装、使用过程中无需破坏任何东西,安装、使用均比较方便。电制茶设备主要以茶叶种

植、生产区域为推广对象，适用于各类茶叶制品。

二、空气源热泵烤烟技术

空气源热泵烤烟技术主要用于替代原来的煤烤烟、生物质烤烟和燃气烤烟工艺。在原有的烤烟房基础上进行空气源热泵改造，改造后的烤房能源全部来自清洁电能，烘烤过程全自动控制，在有效提升烤烟品质、减少人工成本的同时，全面实现烤烟生产环节的节能减排目标。空气源热泵烘干方式由于安全、无污染，且运行成本明显低于其他烘干方式，而逐渐被烤烟企业广泛采用。

不同烤烟方式对比见表1.11。

表1.11　　　　　　　　不同烤烟方式对比

对比项目	燃煤烤烟	热泵烤烟
使用能源	煤炭	电能
单位能源价格	550元/t	0.56元/kWh
环保	污染环境	安全，节能，无污染
政府政策	政府禁止	政府支持，烟草公司可享受政府补贴，且有优惠电价政策
经济性	1）煤炭价格不稳定，成本波动大； 2）人员劳动成本较高； 3）成本相对高	1）可实现集约化管理，密集式烘烤； 2）电价相对稳定，成本波动不大； 3）节省人力成本； 4）总体成本相对较低

以某企业烤房为例，每座烤房每炕装烟量350竿，计3500kg，出炕后称重干烟叶为474kg，鲜干比7.4∶1。烟农在采用电烤烟以前一直采用土炕烧煤的方式进行烟叶烘干，常规燃煤烤房耗煤约为1000kg，煤价格按550元/t计算，成本合计约为550元，烟农在使用燃煤炉时需要24h值守，还要定时加煤。新型热泵烤房平均每炕耗电为1155kWh（电能替代电价0.56元/ kWh），成本约为646.8元。

不同烤烟房成本对比见表1.12。

表1.12　　　　　　　　　不同烤烟房成本对比

对比项目	燃煤烤烟房	热泵烤烟房
每炕烟叶装载量（kg）	3500	3500
烘干后干烟叶量（kg）	474	474
每炕消耗能源（煤、电）	1000kg	1155kWh
烘烤1kg干烟叶能源耗费量（煤、电）	2.1kg	2.44kWh
每炕烟叶能源消耗成本（元）	550	646.8
每炕人工成本（元）	420	105
合计成本（元）	970	751.8

注：采用燃煤烤房烘干烟叶需要配备一台约2kW的循环风机，能源价格按照煤0.55元/kg、电0.56元/kWh计算。

三、冻干技术

传统的农产品干燥是采用风干、晒干、晾干、烘干等方式，这些方法会导致农产品质量上有很多瑕疵。随着科学技术的发展，人们对食品要求的提高，冻干技术在农产品加工中应用广泛，虽然设备购置成本较高，食品加工成本提高，但是冻干效果是传统干燥技术无法达到的。

传统干燥与冻干技术对比见表1.13。

表1.13　　　　　　　　传统干燥与冻干技术对比

对比项目	传统干燥	冻干技术
使用能源	风能、太阳能等	电能
单位能源价格	0	0.56元/kWh
干燥效果对比	1）干燥时间长； 2）卫生程度差； 3）营养及有效成分流失大； 4）易减收、减产； 5）风味、口味易变化； 6）颜色易变； 7）外形收缩，形态变化大等； 8）农产品干燥品种有限，数量有限	1）干燥时间短； 2）卫生程度高； 3）不受天气条件限制，不易减收、减产； 4）更多地保持了原有色泽、口味； 5）更多地保持了营养成分； 6）基本保持了原有的外观和形状； 7）干燥种类多，效果良好

四、微波干燥技术

微波加热属于热能去湿的一种。热能去湿即狭义上的干燥，以烘干为主。传统烘干的能源总体以煤炭为主，柴油、生物质材料为辅，微波加热则是将电磁能作为能源来干燥农产品物料。

传统干燥与微波干燥方式对比见表1.14。

表1.14　　　　　　　　　传统干燥与微波干燥方式对比

对比项目	传统干燥	微波干燥
工作原理	热传导方式、由外向内加热	微波直接作用于水分子，内外同时加热，损耗小
干燥时间	时间稍长	低于60s
干燥效果	控温不精准	直接对水分子作用100%干燥，易控温
干燥均匀性	不均匀	选择性加热，干燥均匀
能源	煤、柴油、生物质等	电能转换为微波能
能量利用率	利用率小，浪费多	比传统方式节能40%以上
品质、品相	易变色、变形	物料品质提高，品相好
工作环境	劳动强度大，扬尘严重，工作环境恶劣	自动辅料，密封无扬尘，工人数量少，操作简单

2.2.2　农产品机械冷库贮藏技术比选

通常意义的保鲜指的是蔬菜和水果的储藏保鲜。常温贮藏由于缺乏相应的保护措施和临时贮藏设施，易导致果实抗病性和耐贮性降低，且受地域限制。机械冷库贮藏是利用汽化温度很低的制冷剂在封闭的制冷机系统中由液态到气态的互变，把库内的热量传递到库外，维持冷库低温，不受地域限制，适合各类农产品的冷藏保鲜。

不同贮藏方式对比见表1.15。

表1.15   不同贮藏方式对比

对比项目	常温贮藏	机械冷库贮藏
使用能源	地温、风能	电能
单位能源价格	0	0.56元/kWh
适用客户	普通农户	农产品集中烘干区
适用农产品范围	应季蔬菜、水果、粮食	各类农产品
地域限制	适合北方	不受地域限制
经济性	保鲜期限受限，大量食品储藏建造成本较高	虽然初投资高，食品储藏成本高，但产品保鲜效果好，保鲜时间长

2.2.3 农产品深加工技术比选

农产品初加工，加工程度浅、层次少，产品与原料相比，理化性质、营养成分变化小。农产品深加工，加工程度深、层次多，经过若干道加工工序，原料的理化特性发生较大变化，营养成分分割很细，并按需要进行重新搭配。

不同加工技术对比见表1.16。

表1.16   不同加工技术对比

对比项目	初加工（清理、分类、晒干、剥皮）	深加工（压榨技术和杀菌技术）
加工设备	设备简单，效率低，人工操作	设备复杂，效率高，操作简单
加工工艺	工艺简单	工艺复杂
加工效益	1）通常按市价销售，产量决定农产品收入； 2）部分农产品资源浪费； 3）简单加工无法除去部分有害物质，如花生简单加工后的反式脂肪酸、油脂聚合体等有害物质	1）提高农产品附加值，如藤椒的鲜果28元/kg，如果加工成藤椒油，利润可增加15%左右； 2）资源利用充分，如红枣深加工可制作饮料、蜜枣、化妆品等

第❸章
项目建设与运维

客户、电力公司和政府应建立三位一体的协同机制，完善项目建设和运维的保障措施。在政府政策支持下，以电力客户为主体开展电能替代项目实施，电力公司做好宣传和供电保障，优先选择电能替代产业联盟的设备供应商，由综合能源公司给予项目指导和跟进项目实施。

❸.❶ 项目实施流程及关键点

3.1.1 项目实施整体流程

实施准备阶段

研究分析各类客户用电特点，对客户进行细分，结合现有的政策环境，制定有针对性的宣传推广策略。积极与发展改革委、经信委、环保局、技术监督局等部门联系，搜集相关领域燃煤（油、气）锅炉以及重点煤、气、油改造计划材料，全面、准确掌握第一手信息资料，积极推动政府出台支持政策。促使政府出台补贴及电价支持政策，降低客户初始投资和运行成本，如组织电能替代客户参与"打包交易"，调动客户积极性。

方案确定阶段

针对重点潜力客户提供定期上门咨询服务，与客户确定电能替代意向后，根据客户实际情况协同设备生产商为客户编制供电方案及电能替代改造方案，进行电能替代方案审核，对方案的经济性做详细分析，确保客户能够按期收回改造成本。

项目实施
阶段

　　跟踪项目实施过程，明确设备安装地点、设备增容改造工程规模等，跟进项目配套电网工程建设，确保工程实施质量，定期给予技术指导，保障施工安全。

总结提升
阶段

　　对电能替代项目运行后的经济效益进行分析，提炼项目实施和运行过程中的优秀经验和不足，进行进一步宣传推广。

3.1.2　项目实施关键点

　　一个电能替代项目从筹备到投运需要经历较多的不确定性，不同电能替代技术应用领域不同，设备投运情况不同，项目实施流程关键点及注意事项也不同。

　　（1）烘干机在设计选型环节需要确定木材、烟叶、粮食等烘干工艺要求。依据客户的现场条件、烘干窑大小、被干燥的物种及烘干质量要求来确定。

　　（2）热泵烤烟房在设计施工环节需考虑烤房内温度的均匀性。

　　（3）电制茶设备在运行环节应定期检查电热管有无损坏，有损坏的应予更换，当发现烘干机烘网有损坏时，应及时更换。

　　（4）冻干设备在运行环节应严格控制温度、冷冻速度和真空度，选择共熔点较高的冻干保护剂，以利于升华阶段的顺利进行。

　　（5）微波干燥设备在运行前一定要先检查微波腔体是否有异物或是金属材质的东西。

　　（6）冷库在运行过程中应注意硬物对冷库墙体的碰撞和刮划，避免造成凹陷和锈蚀，严重的会造成局部保温性能降低，要做好密封保护，防止空气和水分进入。贮藏过程中必须调节控制好库内的温度、相对湿度、气体成分等，做好各项监测工作。

3.2 项目投资界面

3.2.1 配套公网投资

对于一些用电量很大的电能替代项目，原则上其红线外供配电设施由电网企业投资建设，分为高压和低压电能替代项目两种。

高压电能替代项目

投资分界点为客户规划用电区域红线。分界点电源侧设施由供电公司投资建设，包括开关站、环网柜、分接箱、电杆、智能型断路器分界开关、计量装置等。分界点负荷侧设施由企业投资建设。

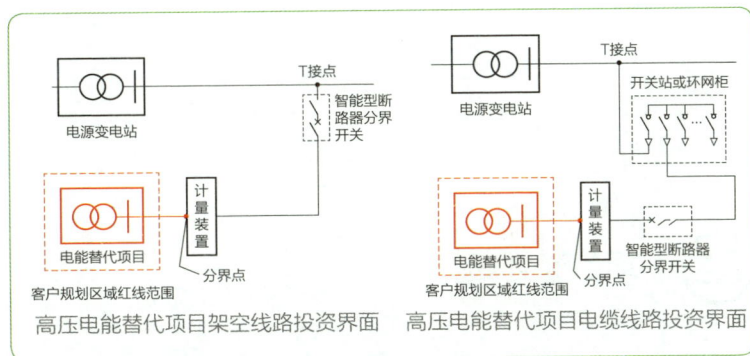

高压电能替代项目架空线路投资界面　　高压电能替代项目电缆线路投资界面

低压电能替代项目

投资分界点为低压计量装置后第一断路器。分界点电源侧供电设施由公司投资建设，包括下户线、表箱、电能表、互感器、表箱内断路器和电能采集装置等。分界点负荷侧设施由客户投资建设。

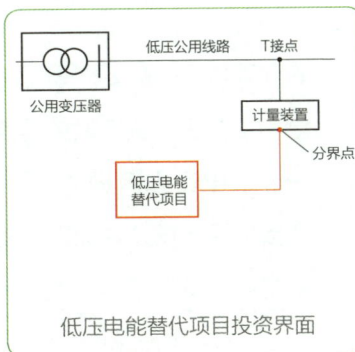

低压电能替代项目投资界面

3.2.2　项目本体投资

农产品加工和仓储领域的客户分布分散、报装容量较小，其用电的季节性较强。工程本体投资（包括客户内部供配电设施）通常由客户自主全资，客户可根据自身需求选择适用的方式，其融资的灵活性较高。另外，按照"新农村、新电力、新服务"的农电发展战略和"三农"发展战略，项目业主应积极争取政府奖励性补贴，减轻投资压力。

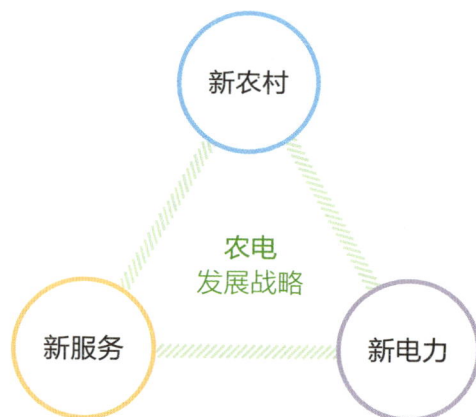

3.3　项目运维服务

3.3.1　项目运维内容

农业项目运维需要对设备进行维护，对项目各项技术指标及操作运行情况进行检查，主要包括供电设施运维、电能替代设备运维和技术人员支持三个方面。

一、供电设施运维

多数项目产权分界点以上由供电公司负责运维，并提供优质服务；产权分界点以下由企业负责运维，供电所提供上门服务。部分项目需要客户新建变压器。

二、电能替代设备运维

大部分电能替代项目设备运营主体都是设备购置客户，由客户执行维护。部分项目电能替代设备由设备厂家进行维护，质保期内是免费的，质保期后向厂家或设备维修商交纳修理维护费用。

三、技术人员支持

由设备厂商向客户清楚介绍设备操作规范、设备使用注意事项、人员操作流程及规范等。

3.3.2 项目运维优缺点

各种农业电能替代项目建设方式不同，运维模式也相应有所不同。大部分农业项目由客户运维。委托第三方或由综合能源公司参与运维，可以为客户提供资金保障，减少项目运维风险。

一、客户自主运维

普通散户由于项目规模小，企业分布分散，多为客户自主投资，自行维护。

优点 小型设备装卸方便，技术操作简便，运维成本较低。

缺点 需要客户充分认识设备使用状况，了解设备原理，定期检查并及时清理设备管道及污垢。

二、委托第三方运维

农产品加工和仓储项目的季节性较强，全年设备的利用率不高，大型农业生产基地或部分农业生产企业可以选择委托第三方来运维。项目的建设和初期经营权交由投资方，在合同规定的特许期内，投资方负责设备运维及相应费用，它会向客户收取适当的服务费。特许期满后，投资方将项目所有权移交给客户，此后项目运维也交由客户实施。

优点 委托第三方运维，客户资产安全更有保障。

缺点 委托费用偏高。

三、综合能源公司参与运维

综合能源公司多采用合同能源管理方式投资运行维护。由综合能源服务公司向设备制造商购买（或租赁）设备，并将其有偿出租（或转租）给客户使用，双方明确租让的期限和付费义务。综合能源服务公司为客户提供规定的设备，以租金形式回收设备的全部投资，设备生产商对整机性能、维修保养等提供售后服务。这种模式适用于季节性使用设备、需要技术改造和设备升级、流动资金不足的农业项目。

优点 大大减少客户电气设备的初始投资，有效降低设备的闲置率。

缺点 部分项目委托费用较高，不适合农业散户参与。

第❹章
项目后评价

电能替代项目的后评价有助于对项目建成运营后的盈利能力、社会效益等进一步明确，提出一些改进措施和建设性意见，促进电能替代产业的进一步发展。

❹.1 综合效益评价

电能替代项目的后评价，主要指项目的综合效益评价，包含技术评价、经济评价、示范效应和环保效益四个方面。项目评价时要力求评价项目资料的真实准确、评价过程的公开透明、评价结果的公平公正。

4.1.1 主要经营指标分析

一、技术评价

电能替代项目的技术评价是对技术创新度、设备性能和效率等的评价。技术创新度是对项目采用的主要技术进行评价，包括技术先进性、技术成熟度、技术适用性、技术稳定性和技术安全性，以及技术推广性；设备性能和效率是对项目使用的电气化设备进行评价，包括设备故障率、关键耗能指标、设备兼容性、工作平稳性、噪声辐射污染等方面。

二、经济评价

电能替代项目的经济评价应综合考虑项目的初投资和运行费用，依据项目自身特点选择适当的经济性评价方法，如费用年值法、净现值法、增量内部收益率法等，可通过内部收益率、投资回收期等指标体现项目的盈利能力、投资风险大小。

三、示范效应

电能替代工程要因地制宜、统筹推进，通常是结合地域产业特点和资源禀赋探索多种新技术的应用。对于一些技术先进、节能减排效果显著的项目可形成当地辐射带动作用，建立可复制推广的典型模式。

四、环保效益

由于大气污染治理要求，电能替代改造项目节省的环保治理费用可列入环保效益指标。项目的节能减排效果，主要从单位投资替代电量、单位投资减排量、农业电气化水平、农产品加工和仓储效果方面评价。

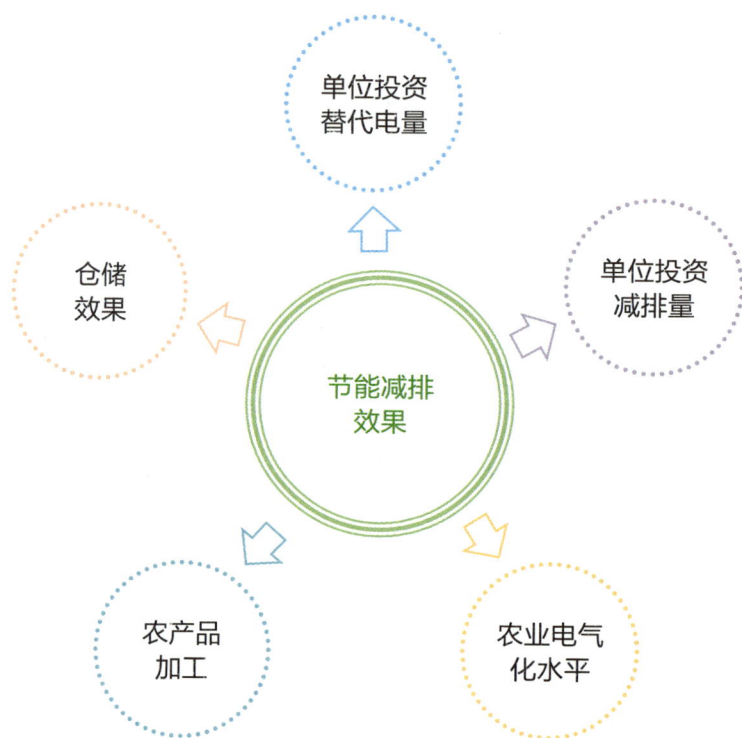

4.1.2　替代前/后设备对比分析

各类农产品加工对象不同，采用的电气化替代设备也不一样。替代前后设备对比分析应从改造前后经济效益和社会效益进行对比，见表1.17。

表1.17　　　　　　　　　　　替代前后设备对比

经济效益		
主要经济参数	替代前设备	替代后设备
产品品质对比		
产量（kg）		
产值（万元）		
人工成本（万元）		
设备使用年限（年）		
设备年维护费（万元）		
设备投入费（万元）		
环保安全支出（万元）		
总收入（万元）		
政府补贴政策		
社会效益		
项目	替代后设备	
CO_2排放（t）		
SO_2排放（t）		
烟尘排放量（m^3）		
NO_x排放（kg）		
其他		

4.1.3 国家、行业、同类企业类似项目对标分析

由于不同地区，政府优惠政策不同，电价补贴政策不同，同类企业对标分析应比较不同地区同类电能替代项目改造经济效益、社会效益，分析补贴政策对项目改造的实际效益；行业对标分析应根据同类电能替代设备对比设备用电量、设备效率、加工农产品项目产量等，分析设备技术改造空间；国家对标分析应与发达国家同类项目对比，分析农业电气化水平，提升潜力和市场开发空间。

4.2 项目亮点特色

各类农产品加工项目特点不同，电能替代设备不同，适用条件不同，加工效果不同，经济效益和社会效益不同。项目亮点特色汇总见表1.18。

表1.18 项目亮点特色汇总

亮点特色	参考内容
电能替代技术革新	是否具有引领作用和推广作用
政府政策、电价补贴政策	政府对专项农产品设备改造的补贴力度；电能替代改造项目可享受的电价补贴优惠政策，实施力度
经济效益	是否提高电能在终端能源领域比重；技术应用带来的农产品品质提高、产量增加、运行成本降低、收入提高等实际效益
环保效益	化石能源减少使用量、节能减排量等
地区示范效益	对当地旅游业及相关产业的影响
项目运维模式特色	是否有第三方参与投资运维；是否与综合能源服务类公司进行合作，采用合同能源管理和设备租赁等模式运营项目，缓解客户资金压力

**在电制茶
方面** ▶

电制茶设备作为茶叶生产领域的革新，摒弃了传统制茶业对环境不友好、手工制茶产量低下、品质不稳定的弊端，便于企业和家庭作坊成批量使用，占地面积小、功率低。部分企业结合茶叶制作特点，以茶乡、绿色、健康等为主题，带动当地旅游及相关产业发展。

**在空气源
热泵烤烟
方面** ▶

热泵烤烟房自动控制系统操作方便，大大节省人力成本。设备启、停和运行实现了自动控制，干燥过程中通过温湿度曲线来控制送风温度，操作简单、方便、准确。与燃煤烤房相比，使用电能驱动的热泵干燥设备没有污染物排出，同时热源供应恒定，无需人为干预，一人可以同时看管多台设备，节约了人工成本。

**在农产品
冻干方面** ▶

冻干技术保留了物质原有味道的同时也使得食物的营养成分得到了很好的保护，干燥之后的产品不会失去原有的形状。传统农产品干燥方式不仅干燥数量有限，而且不能达到冻干技术的效果。

**在农产品
仓储方面** ▶

冷库贮藏大大提高农产品保鲜品质，有利于食品保鲜行业集中化发展。目前，采用蔬菜保鲜冷库或者蔬菜速冻冷冻来延长蔬菜的保鲜期比较普遍，对于蔬菜的错峰销售、市场调节和远销外销都意义重大，保障优质商品价值的同时也实现了较高的经济价值。

(4.3) 项目完善提升措施及建议

目前，农业领域电能替代技术优越性已经明显体现。借助农业向集约化、高效化、工业化、科技化发展的契机，农产品加工领域电能替代项目建设应以典型示范项目为例进行推广，以点带面，提高电能替代覆盖范围。

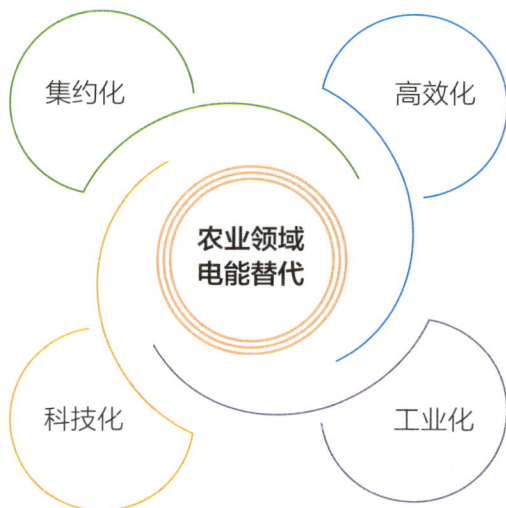

集约化

高效化

**农业领域
电能替代**

科技化

工业化

**政策
方面**

应争取政府出台相应的补贴优惠政策。目前，部分中小企业参与的积极性不高，主要是因为设备初投资大，电价高，配套优惠政策少。建议政府出台相应设备补贴政策，给予配套电网改造支持和接入电网工程优惠。

**电价
方面**

农产品加工项目普遍较小且较为分散，难以享受市场化交易电价优惠，建议将其打包集中参与市场化交易，为客户争取更优惠的电能替代电价。

技术
支持
方面

建议联合农机局、设备厂家创新研发农产品加工仓储新型设备，提高设备效率，降低设备生产成本，提高电能替代经济性。建议在全国范围内建立电能替代产业联盟平台，邀请更多设备厂商在平台注册信息，以网站或信息交流群的方式，向社会广大客户宣传电能替代最新技术、最新设备、设备规格等信息，由客户登录平台与平台客服线上交流，客户提出改造意愿、项目现状等信息，平台客服根据客户情况在平台上发表信息，由设备厂商登录平台给予改造建议。对于大型农业改造项目或项目改造资金在300万元以上项目，如新建20座以上烤烟房项目、大型蔬果加工企业、大型冷库项目等，可以考虑以合同能源管理方式，以综合能源公司或设备厂商为主体，借助电能替代产业联盟开展电能替代项目咨询、设计、施工、运行维护等一体化服务，总结推广经验，分享替代效益。

第二篇

案例篇

▽

随着食品化学、生物技术及其他相关学科的发展，农产品加工技术发展迅速，一批高新技术如热泵烘干技术、冷冻干燥技术等已在农产品加工及仓储领域得到广泛应用，并迅速普及与深化，原有燃煤、燃柴设备已基本被取缔。大中型农业龙头企业采用农产品加工新技术、新设备，极大提高了产品品质和档次，推动农产品由简单加工向深加工领域发展，由粗放型向集约型转变。

案例❶
电制茶技术应用典型案例

1.1 项目基本情况

某茶叶公司始创于2004年，是一家集茶叶种植、生产、储藏、销售、研发及茶文化观光旅游多项功能为一体的大型股份制企业，是该地区农业产业化龙头企业。该公司拥有标准化有机茶园12000亩和高山茶园8000亩，在全国大中城市建立了58个代理经销商。2017年，该企业对自有茶叶生产基地进行升级改造，项目建设周期为一年，总投资约350万元。

近年来，随着国家对环保治理的力度逐年加大，传统制茶业严重依赖木材或散煤燃烧进行热加工的生产方式已经无法适应时代发展的要求。该茶叶公司自觉淘汰落后的制茶设备，以电制茶技术的大规模加工为主，辅以纯手工制茶，打造以茶叶生产结合旅游观光的全新营销模式，在适应国家政策要求的同时，也对传统制茶业进行革新。

1.2 技术方案

1.2.1 方案比较

柴火加热对环境破坏较为严重，随着环保治理力度的不断提高，干柴购置成本逐渐增加，同时柴火加热无法使茶叶均匀受热，茶叶产出率较低；燃气加热作为另一种主流加热方式，具有能源密度高、能源终端价格适中等优势，但因天然气管网铺设问题，该企业只能通过购买液化天然气的方式进行茶叶加工，存在安全隐患，且受上游燃气价格上涨因素影响，燃气供应不稳定。采用电加热方式对茶叶进行加工，能够实现温度的精准控制，使茶叶均匀受热，便于大规模生产。该企业作为大型茶叶加工企业，经过多方比较，最终确定以电制茶作为项目实施的解决方案。

柴火加热、燃气加热与电加热的经济效益比较见表2.1。

表2.1　　　　　　柴火加热、燃气加热与电加热的经济效益比较

对比项目	柴火加热	燃气加热	电加热
经济性	一般	一般	差
环保型	差	一般	好
安全性	一般	一般	好
稳定性	差	一般	好
易用性	一般	一般	好
是否符合国家政策	否	是	是

1.2.2　实施方案介绍

传统制茶工艺分为筛选、杀青、揉捻、理条以及烘干五个步骤，均可由电制茶设备进行加工，且电制茶设备具有占地面积小、工作负载小、便于按照制茶流程进行摆放等特点。该企业自主采购了2台筛选机、1台杀青机、4台揉捻机、4台理条机以及2台烘干机，每消耗500kWh电能，可产茶叶40kg，此外，该企业还对厂房进行了无尘改造，最终实现茶叶的现代化生产制作。

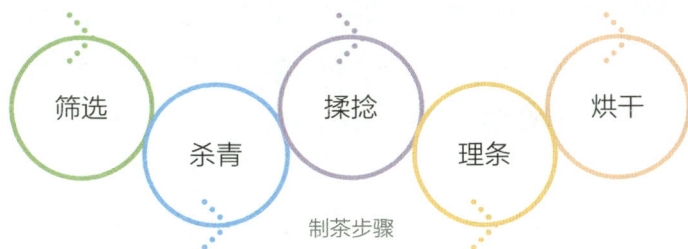

制茶步骤

1.3 项目实施及运营

1.3.1 投资模式及项目建设

该项目于2017年建设完工，建设实施过程由两部分组成，一是室内厂房无尘改造，二是配电系统适应性改造。室内厂房无尘改造主要是将原有的大厂房按照制茶工艺要求进行功能区隔离，同时在生产区中心开辟参观步道。配电系统适应性改造主要针对其配电变压器（原有100kVA配电变压器无法满足升级后的用电负荷）、厂区原有线缆、电表箱进行改造、升级，最终将采购的电制茶设备按照生产工艺进行安置，确保整个生产流程顺畅运行。该项目全部设备功率为80kW。制茶季设备全部运转，一天生产10h，可产茶叶80～100kg，全部设备均按照炒茶工序放置于新建无尘车间内。

1.3.2 运营模式

该项目由企业自己投资，独立运营完成。

1.4 项目效益

1.4.1 经济效益分析

综合运行情况进行测算，按制茶季每日运行费用进行比较：全部设备正常运转，每生产100kg茶叶，总体费用约800元；如采用柴火或燃气加热，则总体费用约1400元。该项目年替代电量5万kWh。

1.4.2　社会效益分析

该项目每年可减少终端能源消费标准煤20t，减少CO_2排放49.85t、SO_2排放1.5t、NO_x排放0.75t。电制茶设备投入使用以来，制茶效率高，运行费用低，能够满足企业正常生产需求，无任何烟尘、废渣排放，环境清洁卫生，响应了政府"蓝天工程"的号召。

1.5　推广建议

1.5.1　经验总结

该类项目设计仅需考虑家庭作坊最大承载功率，并按照最大用电容量的80%采购设备即可，设备安装、使用过程中也无需破坏任何东西，安装、使用均比较方便。

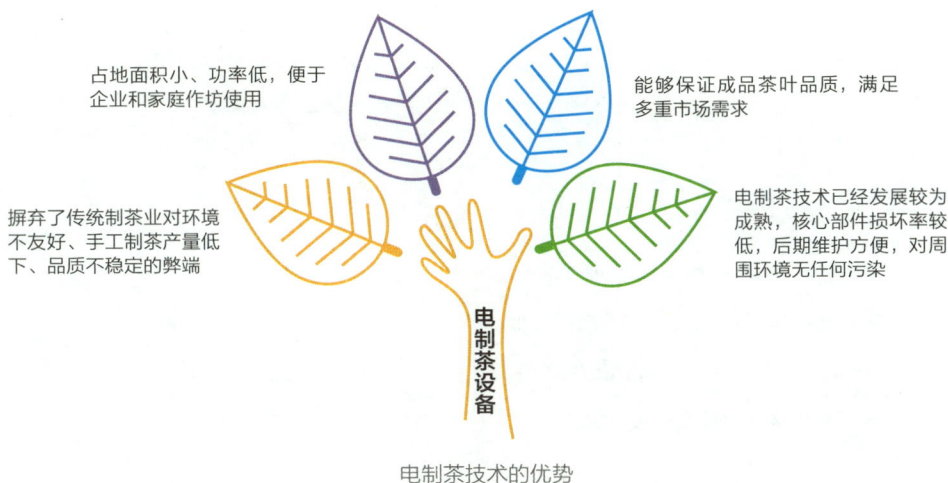

占地面积小、功率低，便于企业和家庭作坊使用

能够保证成品茶叶品质，满足多重市场需求

摒弃了传统制茶业对环境不友好、手工制茶产量低下、品质不稳定的弊端

电制茶技术已经发展较为成熟，核心部件损坏率较低，后期维护方便，对周围环境无任何污染

电制茶设备

电制茶技术的优势

1.5.2 推广策略建议

电制茶主要应用于茶叶粗、精制，代替原有的人工制茶。目前大型茶叶生产企业一般都配备有电制茶设备，电制茶技术应重点在中小茶叶生产企业和茶农中普遍推广，应以茶叶种植、生产区域为推广对象。

建议加快推进配套电网建设，提升电网的安全运行水平和供电能力，确保制茶企业的用电需求。

对制茶企业因使用电制茶技术办理新装、增容用电业务的，建议供电公司开辟"绿色通道"，优先为其办理业务。

制茶企业的电制茶设备用电容量在100kW以下的，建议优先采用公用变压器接入，因此引起的公共电网改造由供电公司负责。

电制茶推广建议

案例❷
粮食电烘干技术应用典型案例

(2.1) 项目基本情况

　　江苏某农业综合服务合作社是专业的粮食烘干中心，为周边村镇广大农民提供粮食集中烘干服务。该农业合作社原有燃煤粮食烘干设备6台，用电容量36kVA，电价为农业电价（0.509元/kWh），用户采用400V低压供电，年烘干能力4000t，年用电量2.8万kWh。该项目每天消耗燃煤7t，每年消耗燃煤350t，煤炭购买价格为900元/t，司炉工人工成本为200元/天。该农业合作社新建3台空气源热泵粮食电烘干设备，替代了原有的燃煤烘干设施，每台日烘干能力16t，设备总用电容量120kW。项目总投资40万元，于2017年4月建成，建设周期2个月。

　　2016年国家八部委联合下发了《关于推进电能替代的指导意见》，指出要在农业生产领域实现以电代煤，以电代油，推广粮食电烘干技术，实现煤炭消费总量的负增长。2017年，该农业合作社被列为某市"两减六治三提升"燃煤综合治理用户，面临着燃煤设备关停和清洁能源改造的选择。

以电代煤	农业生产领域	推广粮食电烘干技术
以电代油		实现煤炭消费总量的负增长

2.2 技术方案

2.2.1 方案比较

各类型能源经济性理论比较见表2.2。

表2.2　　　　　　　　各类型能源经济性理论比较

技术类型	空气源热泵	燃煤	燃油	生物质	天然气	纯电加热
能源类型	电能	煤炭	0号柴油	生物质燃料	天然气	电能
需要热量	20万kcal	20万kcal	20万kcal	20万kcal	20万kcal	20万kcal
能源热值	860 kcal/kWh	5500 kcal/kg	10800 kcal/L	4500 kcal/kg	8500 kcal/m^3	860 kcal/kWh
热效率	300%以上	65%	85%	80%	90%	95%
能耗	70kWh	55.9kg	21.8L	55.6kg	26.1m^3	244.8kWh
能源单价	0.499元/kWh	0.9元/kg	5.8元/L	0.85元/kg	3.2元/m^3	0.499元/kWh
用能成本	34.9元	50.3元	126.4元	47.3元	83.5元	122.2元
人工费用	0	2万元	2万元	2万元	2万元	0

注：1. 以1t粮食从30%含水率降至13.5%计算。
　　2. 1cal=4.186J。

通过各类型能源经济性理论比较可以看出，空气源热泵在各类型烘干热源中的用能成本最低，具有显著的技术优势性。

2.2.2 实施方案简介

该项目采用3套粮食热泵烘干设备，代替燃煤（油）热风炉产生热风，为粮食烘干塔提供热源，总用电功率120kW，通过农网低压接入。该机组采用电动机驱动，主要零部件包括用热侧换热设备、热源侧换热设备及压缩机等。该机组采用"逆卡诺循环"工作原理，将环境空气中的热量作为低温热源，经过冷凝器或蒸发器进行热交换来收集热量，然后通过循环系统，将热量转移到粮食烘干塔内，达到烘干粮食的目的。

2.3 项目实施及运营

2.3.1 投资模式及项目建设

该项目采用合同能源管理模式，由该地区供电公司投资40万元用于设备购置和安装。合同期内，农业合作社和供电公司分享烘干效益；合同期满后，由供电公司无偿移交给该农业合作社。另外，该项目因设备增容引起的配套电网建设，由供电公司出资建设；用户内部的配电设施及厂房等硬件设施改造由用户出资建设。

2016年江苏省农业机械管理局、江苏省财政厅联合下发了《关于调整2016年江苏省农机补贴机具品目范围及补贴额的通知》（苏农机行〔2016〕7号），将热泵热风炉纳入农机补贴范畴，补贴标准为1.6万元/台，有效降低了此类项目的一次性购置成本。

2.3.2 项目实施流程

项目实施流程如图2.1所示。

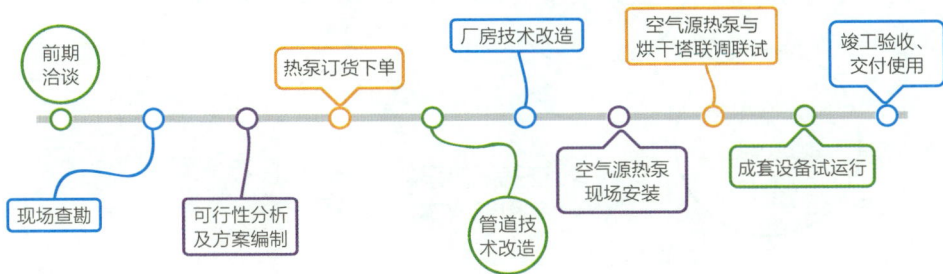

图2.1 项目实施流程

51

2.3.3 运营模式

该项目日常实际运营主体为农业合作社，设备厂商负责设备的常规维护及修理等售后服务，供电公司对项目进行不定期巡视，了解粮食烘干的数量及烘干成本，并全力保障相关用电设施的安全。

2.4 项目效益

2.4.1 经济效益分析

该项目总投资40万元，根据烘干粮食的产量，每年可收益10万元，4年即可收回成本。使用空气源热泵烘干运营成本低，显著降低了企业的用能成本，同时也减少了企业的污染治理成本。此外，该项目用电容量约120kW，因设备增容引起的配套电网建设由供电公司出资，大大减少了用户的电力增容资金投入。

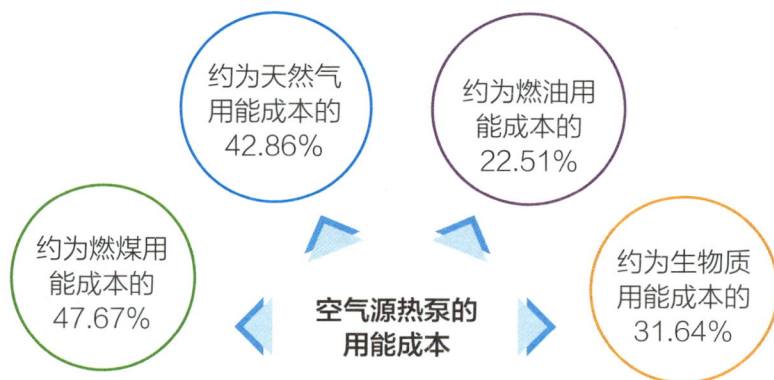

约为天然气用能成本的42.86%

约为燃油用能成本的22.51%

约为燃煤用能成本的47.67%

空气源热泵的用能成本

约为生物质用能成本的31.64%

2.4.2 社会效益分析

一、环保效益

空气源热泵粮食电烘干技术实现了污染物零排放，有利于大气污染防治和环境保护。该项目建成后每年可减少CO_2排放27.92t、SO_2排放0.84t、NO_x排放0.42t。

二、品质提升效益

空气源热泵烘干技术温度和水分控制精确，粮食干燥比较均匀，谷物爆腰率明显降低，烘干后的粮食食用安全，品质较高，产品附加值高。空气源热泵烘干设备采用电脑全自动化控制，无须人工24h值守，改善了工作人员的生产环境，且不会排放粉尘、废气等有害物质，不会对周边农村居民的正常生活产生影响。

三、产业发展及技术标准效益

该项目建成后，国网江苏省电力有限公司联合省环保厅、省经信委、省农机管理局、东南大学等相关政府部门、院校及社会科研机构召开了空气源热泵粮食电烘干技术推广现场会，各政府主管部门对电力公司将空气源热泵技术应用到粮食烘干领域给予了高度肯定，并提出高校、相关热泵厂商及社会科研机构要加强空气源热泵电烘干设施的技术研发，突破现存的技术短板，制定行业标准，解决冬季低温下的结霜等问题，进一步提高设备烘干效率，降低农民粮食烘干成本。

四、安全效益

与传统的燃煤（油）烘干技术相比，空气源热泵技术无燃烧明火，不易产生火灾，安全性能好，大大减少了农村地区产生火灾等事故的发生率。

五、示范引领效应

该项目的实施推动了地方政府出台了粮食电烘干设施建设的专项补贴政策，对符合条件的空气源热泵烘干设施每台补贴1.6万元，极大地推进了全市粮食电烘干设施的建设进程。

案例❸
空气源热泵电烤房应用典型案例

3.1 项目基本情况

　　某烟草公司成立于2006年，主要从事卷烟、雪茄烟、烟丝及其他烟草制品加工制作。目前该公司共建设10611处烤房群，共有烤房44700座。其中，零星烤房13928座，集中烤房30772座，大部分烤房为传统燃煤烤房。该公司某县烤房群原有64座传统烤房，全年使用煤炭208t，燃煤费用约为20万元，每年初烤烟叶4000担。

　　该项目原有燃煤烤房采用砖混结构，热效低、耗能高、人工成本高、污染严重，烘烤质量难以保证。为积极响应国家"节能减排"政策号召，该公司与当地供电公司共同投资建设空气源热泵电烤烟房，并作为示范点为大面积实施烤房改造积累经验。

3.2 技术方案

3.2.1 方案比较

一、烤烟运行成本对比

烤烟运行成本对比见表2.3。

表2.3　　　　　　　　　　　烤烟运行成本对比

类型	用电量（kWh/房）	用煤量（t/房）	人工（元/房）	烘干期（昼夜）	烘干成本（元/房）
热泵	1155	0	85	6	720.25
煤炭	185	1	255	7	906.75

注：散煤按市场平均价550元/t，电费按0.55元/kWh计算。

热泵烘干成本为720.25元/房，煤炭烘干成本为906.75元/房，热泵烘干可节约成本186.5元/房。

二、烤烟质量对比

烤烟外观质量对比见表2.4。

表2.4 烤烟外观质量对比

烤房类型	颜色	油分	结构	身份	成熟度	色度
煤炭	柠檬黄	有	疏松	稍薄	尚熟	中
热泵	橘黄色	多	疏松	适中	成熟	强

热泵烤房所烤烟叶颜色较深，油分较多，色度强，成熟度较高；而煤炭烤房所烤烟叶颜色为柠檬黄，正反面色差较大，成熟度不高。总体来说，热泵烤房所烤烟叶外观质量优于煤炭烤房。

烤房烟叶质量对比见表2.5。

表2.5 烤房烟叶质量对比

烤房类型	等级	总糖(%)	还原糖(%)	总氮(%)	烟碱(%)	钾(%)	氯(%)
煤炭	中部叶	14.4	13.32	2	3.23	1.78	0.83
热泵	中部叶	15.52	14.56	1.98	2.9	1.8	0.59

与煤炭烤房相比，热泵烤房烟叶的总糖和还原糖含量均有所升高，总氮、烟碱、氯含量相对低。由此可以看出，热泵烤烟能有效提高烟叶中的糖含量，降低烟叶中的烟碱和氯含量，从而提高了烟叶的内在品质。

3.2.2 方案简述

该项目利用20台高温空气源热泵代替燃煤锅炉来对鲜烟叶进行烘烤，电烤房每房耗电量约为1155kWh（单次6天烘烤），对烟农减工降本效益明显。热泵遵循"逆卡诺循环"工作原理，通过流动媒体在蒸发器、压缩机、冷凝器和膨胀阀等部件的气相变化循环将低温物体的热量传递到高温物体中去，从而将外部低温环境里的热量转移到烘房中。

3.3 项目实施及运营

3.3.1 投资模式及项目建设

该烤房群原有传统燃煤烤房64座，由公用变压器（200kVA）辅助供电。20座传统燃煤烤房改造成空气源热泵烤房后，每个烤房的电力需求由原来的2.2kW上升到16kW。为满足20座电烤烟房的用电需求，该地区供电公司对新增负荷的外部供电设备进行改造，新增一台400kVA变压器，并对烤房群800m低压线路进行改造，总投资42万余元。该烟草公司负责项目本体改造，购置相应的烘干设备并安装到位。

3.3.2 运营模式

该地区供电公司负责供配电设施运行维护，烟草公司负责烤房的生产运行，负责指导烟农使用电烤房，并承担相应的电费成本。

3.4 项目效益

3.4.1 经济效益分析

电烤房建成后，烟农每烤一房烟叶能节约成本186.5元，提高了烤烟效率，每年烤烟成本能节省3730元。20座烤房全部实现"以电代煤"改造，预计年替代电量为45万kWh。

3.4.2 社会效益分析

一、节能减排效益

电烤房相比传统烤房烤烟每千克能节约0.2kg标准煤，能减少0.499kg CO_2 排放。该项目的实施，可节约192t煤炭消耗，减少 CO_2 排放17t。

二、提质增效

对于烟草公司，烤房单次烘烤耗电量约为1155kWh，电费投入成本为635元/炕，人工成本约为85元/炕，可节约人工成本170元/炕，对烟农减工降本效益明显。

3.5 推广建议

3.5.1 经验总结

一、项目主要亮点

本项目的实施证实了电烤烟在该地区落地推行的可行性，不仅提升了烟叶的品质，减轻了烟农的各项成本支出，还有助于大气污染治理，起到了节能减排的示范效益。

二、注意事项及完善建议

电烤烟改造项目涉及的供电设施改造和设备改造费用较高，且烤烟时间集中且短，烘烤设备利用率不高。建议进一步探讨烤房的多功能应用，多渠道开发烘烤产品，同时争取政府出台相关电能替代优惠政策，提升企业改造积极性。

3.5.2 推广策略建议

由于烟草种植较为分散，部分烟农集中改造积极性还有待提高，为实现项目的推广，可考虑采取以下几种措施。

在供电可靠性较好、电网运行能力较强的地区配合烟草公司集中部署电烤房，供电公司加强烟叶烘烤季节电网运行支撑保障及应急处置，提升生产保障。

针对烟叶烘烤的季节特点、烤房用电规模、业主配电设施投入情况等，可考虑实施"一房一策""多房多策"的解决方案，对不同特点的烤房采取"公线专变""公线公变"供电的方式，降低改造成本。

组织相关科研单位研究烤房综合利用问题，拓展烤房综合使用价值，提高烤房利用率。

项目推广措施

案例❹
冻干技术应用典型案例

4.1 项目基本情况

　　某食品公司占地100亩，总资产约3.2亿元，建有13000m²现代化大型保鲜冷库，配冷藏车30～50辆，总贮存量达12万t。2017年该公司引进了国际先进、国内一流的冻干食品生产线，年加工能力显著提升，现已达800t。

　　该公司原有生产设备相对落后，且设备老化能耗高，生产效率低下；原有生产线热加工环节存在空气污染问题，布局也存在不合理之处。上述问题严重影响了企业效益。

4.2 技术方案

4.2.1 方案比较

　　冻干技术设备及生产线在可靠性、安全性、经济性、便携性、减排效益等方面都明显优于原有设备，如图2.2所示。

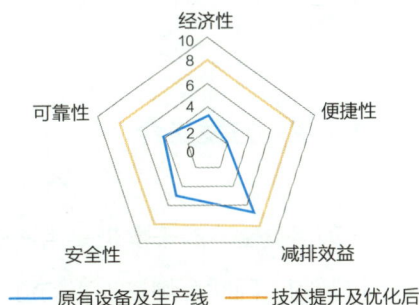

图2.2 方案优势比较雷达图

对比原有干燥技术，冻干技术具有以下特点：

冻干技术在保留了物质原有味道的同时也使得食物的营养成分得到了很好的保护，干燥之后的产品不会失去原有的骨架结构，可以最大程度地保持材料原有的形状。

冻干技术加工出来的物质具有多孔的结构，所以它具有很好的复水性，同时其溶于水的速度也非常快，在这样的情况下食物的新鲜程度有了很好的保障。

冻干技术在升华的过程中可以让溶于水的物质顺利析出，这样有效地防止了其他干燥方法由于物料内部的水分向物质表面转移而使得养分和无机盐大量流失，可以在最大程度上保持物质的营养成分。

冻干物质在生产的过程中采用的是真空或者是冲氮包装，同时还可以在避光的条件下进行保存，所以这类物质保质期可以长达五年，和速冻产品相比，不需要运输存储，这种加工方法可以十分有效地提高产品的质量。

4.2.2　方案简介

该项目真空冷冻干燥机采用冻干技术，其真空冷冻干燥的过程是在低温环境下进行的，同时食物在加工的过程中必须要处于高真空的状态，所以这种加工方式主要针对热敏感度高和容易出现氧化问题的物质的干燥。

速冻隧道库

真空冷冻干燥设备

控制柜

包装设备

食品冻干程序

　　首先，将待冻干产品分装到合适的容器内，这里采用安瓶，保证装量均匀及有大的蒸发表面；其次，在将待冷冻干燥的对象放入冻干箱前，先对冻干箱进行空箱降温。

产品预冻程序

　　将食物放入真空冷冻干燥设备进行真空冷冻干燥操作，对冻干产品进行包装工作。

4.3 项目实施及运营

4.3.1 投资模式及项目建设

投资模式

　　该项目由用户自主投资，当地政府给予冷链加工项目补贴170万元，标准仓储当地商务局给予补贴100万元。

项目实施流程

　　现场勘查—提出设备优化电能替代技术方案—确定实施方案—设备采购—现场施工—试运行—检查运行情况—正式投运。

4.3.2 运营模式

　　该项目由用户自主投资，自行维护。

4.4 项目效益

4.4.1 经济效益分析

　　该项目于2017年8月投运，年用电量20万kWh，电费10万元，每年可减少能耗费用65万元，节约维修费用约12万元，改造设备采用电脑自动化控制，成品率提升，同时每年节约了人力成本约121万元。通过实施电能替代改造，企业年增税前利润248万元，同比增长370.15%。

4.4.2　社会效益分析

社会效益分析见表2.6。

表2.6　　　　　　　　　　　　社会效益分析

环保效益指标	单位	指标
节约标准煤	t	80
减排CO_2	t	199.4
减排SO_2	t	6
减排NO_x	t	3
相当于减少植株砍伐	万棵	1.1

项目电能替代改造后，每年可在用能终端节约标准煤80t，减排CO_2 199.4t，减排SO_2及NO_x 9t，社会效益显著。

4.5 ▸ 推广建议

4.5.1　经验总结

供电公司协助用户引进国际先进冻干技术设备及自动化生产线技术，为用户提出了合理的用电改造方案，协助用户在最短时间内完成业扩增容，并及时跟进项目建设情况，督导工程按时保质完成。该类项目初投资较高，配套电网改造费用较高，建议采用租赁模式，即由设备制造商投资建设，用户每年支付设备制造商租赁费的形式进行。项目后期维护可委托专业化第三方公司代维。

4.5.2 推广策略建议

食品冷冻干燥设备生产线自动化水平高、效率高、品质高，对电网可靠性依赖程度高。好的配电条件需要依托周边良好的农村配电网条件，否则工程建设成本高且难以实现冻干技术生产线的全面自动化。

（1）建议对符合条件的电能替代项目开辟专用"绿色通道"，简化办理流程，有效缩短用户办理增容业务时间。

（2）建议企业考虑加装分布式"光伏"发电，采用"自发自用、余量上网"的方式进一步降低企业用能成本。

案例⑤
微波烘干技术应用典型案例

5.1　项目基本情况

　　某玫瑰生产企业的主要产品为玫瑰饮品、玫瑰花茶、玫瑰食品和玫瑰化妆品，年产玫瑰饮料500t。2016年，该公司对烘干设备进行改造，将6条燃煤蒸汽烘干生产线改造成微波烘干生产线。

　　该项目原有燃煤蒸汽烘干生产线生产成本高，生产周期长，产品成色差，人工成本高，环境污染严重，严重制约该公司产品提档升级和产量提升。该地区供电公司及时向该公司推广微波烘干玫瑰花茶项目，破解产品品质发展难题。

5.2　技术方案

5.2.1　方案比较

　　传统燃煤蒸汽烘干生产线污染严重，产量低，人工成本较高。微波烘干设备具有便于控制，易实现自动化生产，生产周期短，温度控制稳定，产品成色好、品质高，节约人工成本，提高生产效益等优点。微波烘干可以保留玫瑰花蕾的全部营养成分及颜色形态，利于制造高等级花茶。

5.2.2　实施方案简介

该项目改造后可新增用电负荷2500kW，每年增加用电量240万kWh，年减少标准煤960t，年综合用能成本减少25%。该地区供电公司客户经理多次主动上门协助客户微波烘干生产设备安装、调试工作，同时组织营销、生产部门多次召开协调会，商议对客户实施替代之后由于容量增加引起的计量方式、客户继电保护装置整定等事宜进行商讨确定，在客户生产线改造完成之后，第一时间帮助客户进行现场计量方式、增容变更工程，促进客户在生产设备替代改造完成之后第一时间投产运行。

5.3　项目实施及运营

5.3.1　投资模式及项目建设

2016年，该玫瑰生产企业对烘干设备进行改造，将6条燃煤蒸汽烘干生产线改造成微波烘干生产线，年产饮料500t，精油120kg，年烘干干花800t，产值3.6亿元。生产系统引进意大利卡利公司全自动生产线，微波烘干周期短，温度稳定均匀，产品成色好、品质高。

5.3.2　项目实施流程

该地区供电公司设专人负责电能替代项目全过程的跟踪服务，在电能替代实施过程中尽最大努力提供政策、技术支持和供电服务，设置服务专员实行"一对一"服务，对替代后的项目按月上门回访，进行技术服务及政策解答，促进项目效果快速显现，及时掌握项目实施后的成效，同时将电能替代成功经验广泛宣传，促进广大电力客户对电能优越性有更直观、更形象的认识。

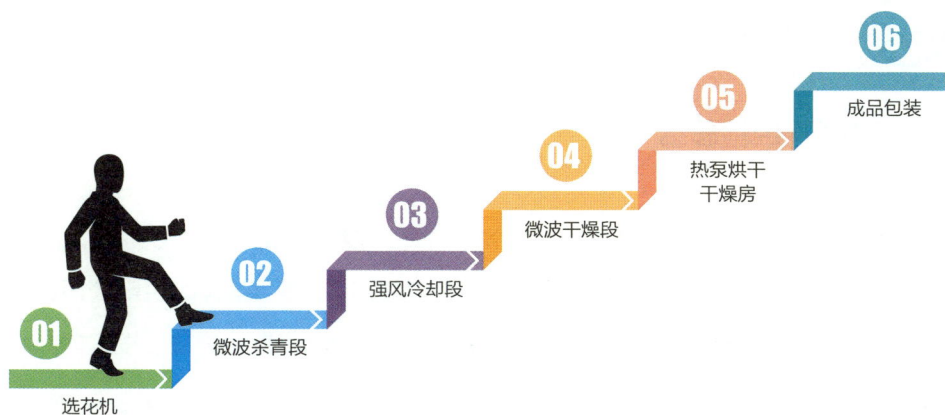

玫瑰花微波干燥流水线

5.4 项目效益

5.4.1　经济效益分析

该项目每年节约人工成本45万元，年节约蒸汽烘干的管道及配套设备维护费28万元，年减少燃煤7000t，年节约燃煤成本50万元，日烘干玫瑰产量能达到80t，客户年综合用能成本减少25%。

5.4.2　社会效益分析

该玫瑰生产企业采用电能替代后，既有效减少了污染物排放量，又大幅提高了产品质量，提升企业市场竞争力。该项目在当地具有典型示范效益，并带动相关产业升级改造发展。

5.5 ▶ 推广建议

5.5.1 经验总结

该项目采用微波烘干替代燃煤蒸汽烘干，经济效益显著，提升了农产品的附加值，同时通过示范效应，成功带动同类企业实现电能替代改造。供电公司在业扩报装申请等工作环节给予优先办理，并节省用户配套供电设施建设投资。

5.5.2 推广策略建议

（1）建议政府出台电能替代财政补贴、需求侧匹配电价、税费减免等政策支持，争取对使用清洁电能替代的用户从财政资金上给予一定的补贴或奖励，为实施电能替代营造良好的外部环境。

（2）针对大部分客户对电能替代存在认识不足的现象，建议将电能替代工作与业扩报装工作、用电检查工作有机结合，通过报装受理、勘察以及用电检查等环节，发挥能效服务网络作用，通过集中宣传、交流座谈、产品技术展览等形式，推介电能替代新技术、新设备，普及环保意识和电能替代知识。

案例❻
电蓄冷冷库技术应用典型案例

6.1 项目基本情况

　　某食品仓储企业建有4个冷库，项目建设周期为8个月，冷库面积为10万m^2，主要经营仓储食品。

　　传统冷库初投资和运行成本都较高，储藏量有限，食品保鲜效果不如电蓄冷冷库储藏效果好。该项目电蓄冷技术可以夜间运行，减少项目运行费用，能够提高电网用电负荷率，减少污染物排放量。

6.2 技术方案

6.2.1　方案比较

　　电蓄冷冷库技术能使农产品失水少，颜色鲜艳，外形和味觉等都比传统保鲜技术效果好，能使冷库农产品达到冷藏所需温度的时间缩短，冷藏期延长。由于设备运行不需要化霜，既省电，又避免了库房温升对库藏产品质量的影响。与传统冷库比，电蓄冷冷库初投资和运行成本都相对较低。

6.2.2　实施方案简介

　　该项目采用最先进的美国ATC-E蒸发式冷凝器，其配备有超低噪声的通风机、易于维护的电动机等设备。蓄冷压缩机组采用的是美国冷冻设备，利用氨气蓄冷，将冷量储存起来，待需要时再把冷能通过一定方式释放出来供冷库中食品储藏使用。

电蓄冷技术是利用夜间低谷时段，利用低电价制冰蓄冷将冷量储存起来，白天用电高峰时融化为水，与冷冻机组共同供冷，将所蓄冷量释放以满足空调高峰负荷的需要。该设备具有改造安装简单、节省运行成本、移峰填谷等优点。

6.3 项目实施及运营

6.3.1 投资模式及项目建设

该公司电蓄冷冷库采用氨气作冷媒进行冲霜，通过盛装氨气蓄冷材料的元件，将冷量储存起来，待需要时再把冷能通过一定方式释放出来供冷库中食品储藏使用。电蓄冷冷库属于节能冷库，相比于传统冷库，其采用冷媒冲霜，比电熔霜节约电能。

该项目采用美国约克螺杆式制冷压缩机，功率为291kW，采用电子元件控制压缩机的油温，省去了油泵机。国产油泵机一般为2.2kW，功率较小，运行费用较高。

6.3.2 运营模式

该项目由用户自主投资，自行运维。

6.4 项目效益

6.4.1 经济效益分析

电蓄冷冷库设备投资费用明显低于普通冷库和空调，用电量较小，不需

要变压器、配电柜等电力设施。该项目利用峰谷分时电价，减少运行费用
30%～50%。

该设备蓄冰筒盘管均在工厂内进行高压检测，不会泄漏，设备使用寿命长，
机组运行效率高，节能效果明显，系统冷量调节灵活，过渡季节可不开或少开制
冷主机，减少运行成本。

6.4.2 社会效益分析

电蓄冷冷库充分利用谷段电力，用户投入较低的费用，便可保证白天冷库供
冷需要。设备噪声小，对周围环境影响小。对比同类企业传统用能设备，该设备
运行成本较低，大幅提高企业市场竞争力。

6.5 推广建议

6.5.1 项目总结

该项目采用丹弗斯自控制元件自动控制系统的吸、排气压力。自动融霜系统
与传统水融霜相比可节约用电10%，传统水融霜需要消耗大量的水和电，而热
氨融霜时只需要把热氨充入冷库排管即可，不用开启蒸发冷电机。冷库冷藏间在
过冷区安装前后两道皮门帘，有效控制冷气对流产生的能耗，可以降低出入库冷
电耗5%以上。冷库利用压缩机的补气口给经济器降温，从而给制冷工质降温，
在冷库制冷运用中可节约用电20%左右。该项目采用美国先进冷凝器，采用高
效换热管以及计算机自动控制排气压力，可以在保持稳定的状态下，最大限度地
减少设备能耗及冷却水的消耗。

6.5.2　推广策略建议

电蓄冷冷库适用于制药业、食品加工业、精密电子仪器业、啤酒工业、奶制品工业等，适用于现有空调系统能力已不能满足负荷需求而需要扩大供冷量的场合。建议在建筑物附近有空地的场合推广电蓄冷冷库技术。

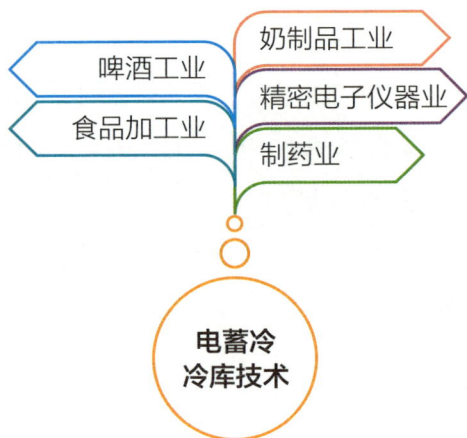

案例 ❼
食用菌行业热泵烘干技术应用典型案例

7.1　项目基本情况

截至2017年11月，某县已完成24家食用菌加工企业电能替代改造，共投运热泵608台，增加用电容量9510kW，替代电量约3000万kWh，可节约标准煤1.2万t，减少的CO_2、SO_2、NO_x、粉尘排放量分别为2.99万t、0.09t、0.45t和0.82t。该县基本建成食用菌恒温种植及热泵烘干电气化示范区，项目建设周期2～3个月。

在食用菌加工过程中，食用菌企业以前大量使用燃煤锅炉和燃烧菌棒的小型锅炉，尾气中所含的SO_2、烟尘等对环境破坏很大，县政府2017年出台《食用菌加工企业环保专项整治》方案，提出现有食用菌企业需通过改造达到县环保局的要求。

7.2　技术方案

7.2.1　方案比较

燃煤设备：将未经处理的废弃菌棒、煤在煤锅炉中直接燃烧产生热量，加热给水至饱和蒸汽状态（0.8MPa，170℃），再将蒸汽通往菌房杀菌、烘干房烘干。由于废弃菌棒热值较低，且含有一定水分，煤锅炉燃烧效率较低，且环境污染严重。

💡 　　　　**电力设备**：热泵、电锅炉采用电力为能源，清洁环保、无污染。电锅炉设备投资与煤锅炉持平，后期运行费用高；热泵初始投资高，后期运行成本与煤锅炉持平。

不同技术方案比较见表2.7。

表2.7　　　　　　　　　　　　不同技术方案比较

比较性能	烘干灶	煤锅炉	热泵	电锅炉
经济性	优	优	优	差
可靠性	一般	一般	优	优
安全性	一般	一般	优	优
便捷性	一般	一般	优	优
减排效益	差	差	优	优
产品质量	一般	一般	优	优

7.2.2　实施方案简介

该县24家食用菌加工企业共投运热泵608台，增加用电容量9510kW。

一、改造前生产工艺流程

食用菌的加工工艺大致可以分为以下几道工艺：人工处理、清洗、烘干，在这几道工序中能耗较大的为烘干这一环节。

二、改造后生产工艺流程

将食用菌加工过程中的烘干环节用热泵替代煤锅炉（燃烧生物质），使用不锈钢台架式削菇蒂平台，全自动传送带。

烘干系统采用多级加热+两级热回收的模式，外部新风经过一级热回收器后进入到主加热室，在主加热室中依次经过一级加热、二级加热、三级加热、四级加热，把温度逐步提升到烘干所需要的温度。

食用菌（银耳）热泵烘干原理如图2.3所示。

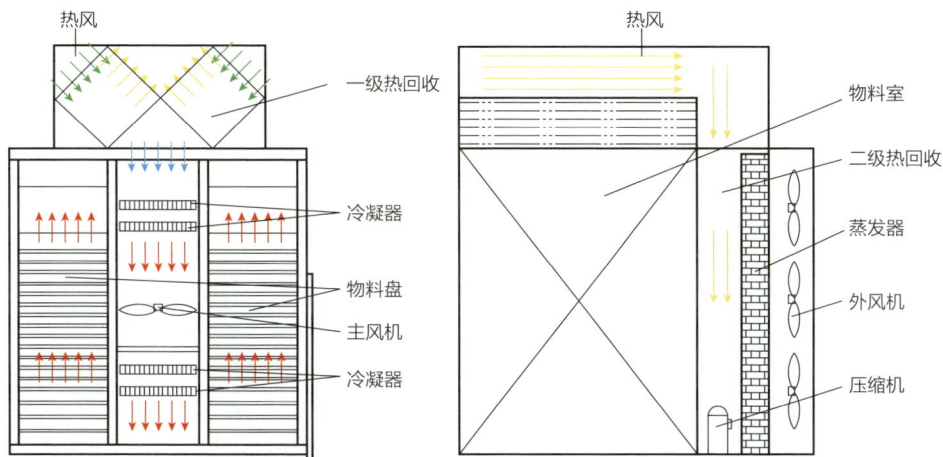

图2.3　食用菌（银耳）热泵烘干原理

7.3　项目实施及运营

7.3.1　项目建设

实施食用菌热泵烘干技术项目，需要经过现场调研、数据分析及方案编制、合同约定、对比试点、项目实施和合同执行等流程，如图2.4所示。

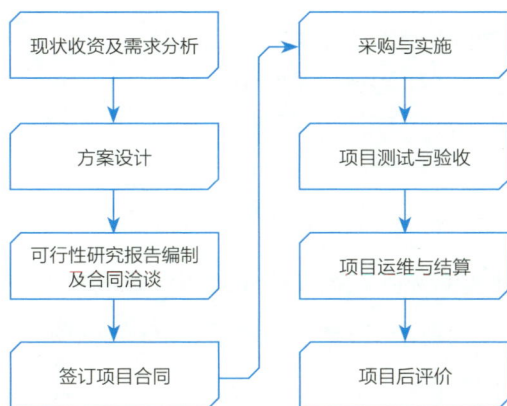

图2.4　食用菌（银耳）热泵烘干项目实施流程

7.3.2　业主投资模式

该项目业主资金较为充裕，热泵设备、配电设施改造均由业主投资。

7.4　项目效益

7.4.1　经济效益分析

根据某县的食用菌产量、产值，选取产量、产值较高的银耳、茶树菇为例，在食用菌的烘干环节，采用热泵、电锅炉替换煤锅炉、燃煤烘干机、废菌筒烘干机，进行经济、环保效益的对比分析。

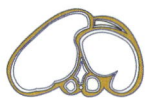

> 银耳：选取35kW热泵烘干机，年产量约7.2万kg的企业，年运行时间5000h，每斤银耳的能源消耗约为5个废弃菌棒。

> 茶树菇：选取26kW热泵烘干机，年产量约4.8万kg的企业，年运行时间5000h，每斤茶树菇的能源消耗约为8个废弃菌棒。

由于电锅炉后期运行费用较高，投资难以回收成本，多数企业选择热泵进行替代。银耳方向——采用热泵替换煤锅炉、燃煤烘干机、废筒烘干机，一次设备费用和电力设备费用为20万元，运行与人工费用与之前采用燃烧煤、菌棒的费用基本持平，产品利润提高0.9元/kg，投资回收年限为3.09年。茶树菇方向——采用热泵替换煤锅炉、燃煤烘干机、废筒烘干机，一次设备费用和电力设备安装费用为18万元，运行与人工费用与之前采用燃烧煤、菌棒的费用基本持平，产品利润提高1.0元/kg。

7.4.2　社会效益分析

热泵、电锅炉相比煤锅炉、燃煤烘干机、废菌筒烘干机，具有较好的节能减排社会效益（见表2.8和表2.9），并且提高了产品成品率，减少了运行成本、检修维护费用，使产品利润提高0.8~1.0元/kg，食用菌烘干厂家对热泵烘干替代意愿较强。

表2.8　　　　银耳——热泵、电锅炉、煤锅炉、燃煤烘干机、废菌筒烘干机环保效益对比　　　　　　　　　单位：t

煤锅炉、燃煤烘干机、废筒烘干机		热泵、电锅炉	
排放CO_2	242.2	减排CO_2	242.2
排放SO_2	7.29	减排SO_2	7.29
排放NO_x	3.64	减排NO_x	3.64
排放粉尘	66.08	减排粉尘	66.08

表2.9　　　　茶树菇——热泵、电锅炉、煤锅炉、燃煤烘干机、废菌筒烘干机环保效益对比　　　　　　　　　单位：t

煤锅炉、燃煤烘干机、废筒烘干机		热泵、电锅炉	
排放CO_2	181.6	减排CO_2	181.6
排放SO_2	5.46	减排SO_2	5.46
排放NO_x	2.73	减排NO_x	2.73
排放粉尘	49.54	减排粉尘	49.54

(7.5) 推广建议

7.5.1 经验总结

一、项目主要亮点

福建省多家企业共同签订电制菌设备研制、生产、销售、安装及运维的战略合作协议，经过2个月的研制调试后，根据食用菌的湿度随时调整设备功率，电耗降低到1.5kWh左右，用户每千克烘烤成本降低0.1元左右，同时食用菌价格每千克提高1元左右，用户接受程度较高。由综合能源公司与烘干厂签订电制菌设备代建协议，为用户提供初始投资资金，完成设备的购买、建设、调试，免费让用户使用，分担烘干厂的运营风险。

二、注意事项及完善建议

主动对接政府，协调解决企业用地难题。加强与县政府的汇报沟通，争取政府支持，促进政府部门简化用地审批手续，加快热泵烘干企业投产进程。

加大环保执法力度，促进企业加快改造进度。建议环保部门对未进行改造企业加大执法力度，到期未整改的，强制关停，促使企业加快改造进度。

示范引领、持续推进，打造食用菌电能替代示范区。对前期示范项目的经验进行梳理，按照先试先行的原则，重点帮扶意向企业进行电能替代改造，调动食用菌生产厂商电能替代积极性。

7.5.2　推广策略建议

（1）初始投资补贴。建议由综合能源公司通过与厂商合作等方式，建立战略合作机制，通过设备租赁等形式给予企业初始投资补贴或者其他优惠政策，鼓励企业进行设备改造。

（2）电能替代项目专项优惠电价。在深入分析的基础上，通过典型项目示范效应促请政府出台电能改造优惠电价政策。

（3）注重引导宣传，推动政府出台更为严格的环保政策。政府、供电公司应充分运用各种媒体、宣传栏，大力普及环境保护的重要性，并全面推广电能替代新工艺、新设备，宣传相关优惠政策，调动生产企业实行电能替代的积极性。

案例 ❽
虾皮加工厂电烘道技术应用典型案例

8.1 项目基本情况

某虾皮加工厂用电容量为600kVA，用电行业为水产品加工行业（虾皮烘干）。该项目建设周期不到一年。

设备替代前，虾皮烘干所用能源主要为两种：柴油和生物质。每吨虾皮燃柴油费用约2500元，燃生物质费用约2700元，燃煤费用为1300元。该加工厂每年生产虾皮100t，采用燃柴油方式每年费用为25万元，采用燃生物质方式每年费用为27万元。2017年初，区环保部门下发整改通知书全面淘汰燃煤烘干设备，禁止采用燃煤的方式进行烘干加工。

8.2 技术方案

8.2.1 方案比较

燃油及燃生物质的方式在成本价格上已经不占据优势，其安全管理要求较高，且受国家环保政策的引导，高污染低效率的用能方式逐步被淘汰，在市场化经济发展及企业自身节能需求的大背景下，采用电能替代改造是一种既降低成本，又符合国家长期发展趋势的用能方式。

加热速度快、生产效率高

加热装置体积小，占用厂房面积小

电烘道技术特点

工作环境优越，改善工人的劳动环境，提升企业形象

无污染，低耗能

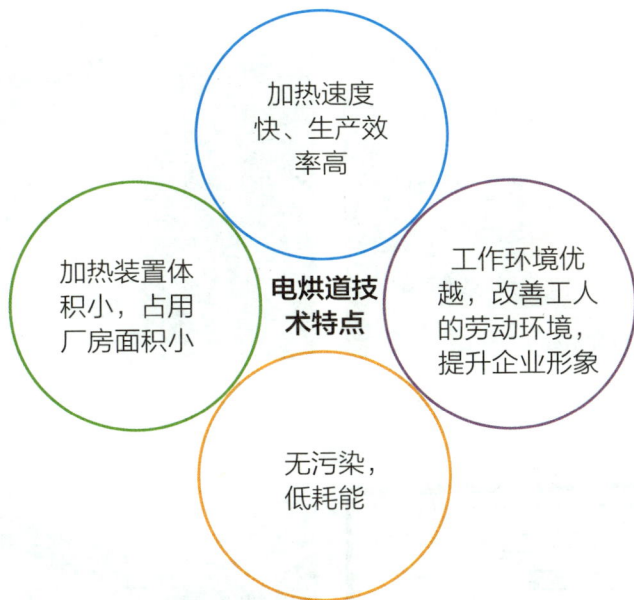

8.2.2 实施方案简介

为推动虾皮加工用户进行电能替代改造，做到试点示范效应，该地区供电公司为用户设立一台800kVA的公用变压器，采用380V低压供电的方式为用户进行供电，同时给用户提供最新的电能替代优惠电价"电能替代：大工业：不满1kV：三费率"，这样既解决了用户前期电力变压器高投入的费用问题，也让改造用户享受到了优惠电价，用户对电能替代改造后的项目成效非常满意。

一、电能替代改造技术原理

电阻丝直接加热，即采用以空气为介质，通过风机将热空气吹入进行加热，从而达到满足供热设备连续获得所需热能的目的。通过对控制柜上的面板操作，可以实现控制工艺流程中所需设定的温度以及高精度控温的要求。

改造前的生物质燃烧设备

改造后的电烘道设备

改造后的电烘道设备控制柜控制面板

现场投运的箱式变压器

二、技术方案实施

通过该企业现场调研，制定详细的改造方案，联系好合适的设备厂家，事先保证现场环境达到设备技术要求，为电力变压器、电力电缆以及用户的受电设备选定合适的安装位置，根据厂方提供的设备安装图完成施工。该用户的虾皮电烘道最高功率可达600kW，受电变压器为800kVA，2路低压电缆线经为185mm^2，均达到了项目的技术规格。

8.3　项目实施及运营

8.3.1　投资模式及项目建设

该项目新设一台800kVA的公用箱式变压器为用户电烘道设备供电，供电公司提供电能替代优惠电价，用户只需要投资电烘干设备，为用户解决了配套电力设施的投资问题，用户表现出强烈的改造意愿。2017年8月，用户虾皮电烘干设备正式投运，此次电能替代试点工程也随之顺利完成。为推动成本再次降低，供电公司推荐用户申请电能替代大工业三费率电价，用户将大量的虾皮烘干工作安排在谷电时段，生产每吨虾皮的费用下降了600元，折算至一年的电费成本节约达6万元。

8.3.2　运营模式

目前的运营模式，主要是用户自己投资进行设备采购和运营，供电公司无偿提供技术支持和后期跟踪服务。

8.4　项目效益

8.4.1　经济效益分析

项目企业自主投资设备费用12.5万元。

改造前

该企业年生产虾皮约为100t，燃柴油费用2500元/t虾皮，燃柴油年费用约为25万元，燃生物质费用2700元/t虾皮，燃生物质年费用约为27万元，小工3名，月工资5000元，虾皮集中生产按每年6个月计算，那么燃柴油年运行总费用为34万元，燃生物质年运行总费用为36万元。

改造后 采用电能替代优惠电价"电能替代：大工业：不满1kW：单费率"电价，电价为0.7024元/kWh，电费为2800元/t虾皮，小工2名，月工资为5000元，则电烘道设备投运后年运行费用为34万元，若采用"电能替代：大工业：不满1kV：三费率"电价，电费为2200元/t虾皮，则电烘道设备投运后年运行费用为28万元。

综合对比 若用户采用现有"电能替代：大工业：不满1kV：三费率"电价，相比燃柴油，每年运行成本节约6万元；相比燃生物质，每年运行成本节约8万元。

经济效益分析见表2.10。

表2.10 经济效益分析

能源	柴油	生物质	电（单费率）	电（三费率）
每吨虾皮成本（元）	2500	2700	2800	2200
年人工费（万元）	9	9	6	6
年能源费用（万元）	25	27	28	22
年总运行费用（万元）	34	36	34	28
综合评价	污染严重，需储油设施，运行成本较高	污染较严重，运行成本高	清洁能源，运行成本较高	清洁能源，享受大工业低谷电价，运行成本低

8.4.2 社会效益分析

该项目采用电能改造后，相较燃煤方式，约减少NO_2排放202t、SO_2排放6.08t、CO_2排放202t。

一、提质增效

电烘道设备能够满足连续供热所需。通过对控制柜上的面板操作，虾皮加工厂工作人员可以精确控制电烘道内的实时温度，从而可以确保虾皮的烘干质量。现场烘干过程加热速度快，生产效率高；工作人员的工作环境相对优越，改善了工人的劳动环境，提升了企业形象；运行成本低，降低企业投入成本。

二、生产品质提升效益

该设备无污染，低耗能，加工出来的虾皮色彩光鲜，无加工异味，产品更具市场竞争力。

三、安全效益

采用电烘干设备改造，可以减少燃煤、燃柴油、燃生物质的明火风险，智能化控制面板可以智能控制温度，有效地改善工人的工作环境，避免了现场作业安全风险。

8.5　推广建议

一、项目主要亮点

该项目紧紧抓住政府全面淘汰燃煤烘干设备这一契机，供电公司为用户专门新设一台公用变压器，用户对电能替代改造评价非常高。

二、项目的推广前景

2017年，政府全面淘汰燃煤烘干设备，该地区虾皮烘干企业如果有80%进行电能替代改造，将大幅提高该地区环境质量，同时提高该地区企业市场竞争力，将这种模式复制推广到全行业，将极大改善落后产能，提高相关产业发展水平。

农产品加工仓储领域主要替代技术

农产品加工是用物理、化学和生物学的方法，将农业的主、副产品制成各种食品或其他用品的一种生产活动，主要包括粮食加工、饲料加工、榨油、酿造、制糖、制茶、烤烟、纤维加工以及果品、蔬菜、畜产品、水产品等的加工。农产品仓储是通过仓库对农产品进行储存和保管的过程。机械冷库贮藏是目前最普及的果蔬保鲜方式，其特点是贮藏环境条件可控性强、贮藏效果好。农产品深加工是集合了多种农产品加工仓储技术，在完成粗加工的基础上对半成品进行进一步的完善，使其更具价值，以追求更高附加值的生产。

附录❶
农产品干燥技术

干燥作为农产品加工的一种重要方式，可将农产品中水分降低到一定程度，延长保质期，获得农产品干制产品。

农产品干燥技术分类情况见附表1.1。

附表1.1　　　　　　　　农产品干燥技术分类情况

技术类型	技术细分	适用范围	设备类型
干燥技术	电制茶技术	茶叶制作	电制茶机
	空气源热泵技术	粮食烘干	热泵烘干机
		木材烘干	木材热泵烤房
		烟叶烘烤	热泵烤烟房
	冻干技术	中药饮片、野生蔬菜、脱水蔬菜、水果等的干燥	真空冷冻干燥机
	微波干燥技术	粮食、果蔬、食用菌等的干燥	微波干燥机

1.1 电制茶技术

1.1.1 技术原理

电制茶技术即以电能来替代传统燃煤、柴薪，采用新型电发酵、烘干等制茶设备进行茶叶加工生产的技术工艺。电制茶代替传统的人工制茶。电加热对温度控制精准，使茶叶制作中人工不可控因素大为减少。

电制茶车间

1.1.2　技术特点和关键指标

电制茶的技术特点为：

可降低用工成本，提升生产能力。

制成的茶叶品质更高。

减少了化石能源及柴薪的使用，保护环境。

关键
指标　生产量、额定蒸发量、额定温度等。

1.1.3　技术应用

传统制茶工艺流程中需要消耗大量人力及能源。通过自动化流水线及电加热等技术，电能可应用于电制茶工艺各个环节，如电炒茶、电烘干等。成套电制茶机械适用于新建及改造的大中型茶厂成套流水线加工装置，单机制茶装置适用于小规模家庭作坊。茶叶烘干机可应用于红茶、绿茶、花茶及其他（金银花等）茶类的初、精制干燥。

1.2　空气源热泵技术

1.2.1　技术原理

空气源热泵技术采用"逆卡诺循环"工作原理，制冷剂从空气中提取低品位的热能，被蒸发变成气态，进入压缩机的吸气腔，被压缩机绝热压缩后，压力升高，温度升高，成为高温高压的气体，从压缩机的排气口排到冷凝器内，在冷凝器中，把热量交换给低温的水，制出高温的水，自身冷凝成高压的液态，并通过节流装置，成为低温低压的液态，回到蒸发器蒸发，再回到压缩机，周而复始地循环。

空气源热泵烤烟房

1.2.2 技术特点和关键指标

空气源热泵的技术特点为：

不受环境和季节影响，一年四季可用。

节能效果突出，投资回收期短。

环保型产品，无任何污染。

使用寿命长，运行费用低。

运行安全，减少人工操作。

模块化设计，安装方便。

关键指标 额定功率、降水幅度等。

1.2.3 技术应用

在农产品加工领域，空气源热泵技术应用最为广泛，适用于粮食、烟叶、木材等烘干工艺环节。在粮食烘干中，该技术应用于粮食热泵烘干机，主要用于烘干高水分的水稻、小麦、玉米、大豆等谷物，适合农场、粮站、种粮专业户使用；在烟叶生产流程中，空气源热泵技术主要应用于烤烟环节，适用于烟叶集中产区或烤烟合作社等；在木材烘干环节中，木材热泵炕房采用微电脑恒温控制运行，可广泛应用于木材加工企业。

1.3 冻干技术

1.3.1 技术原理

冻干技术又称升华干燥，是将物料冷冻至水的冰点以下，并置于高真空（10~40Pa）的容器中，通过供热使物料中的水分直接从固态冰升华为水汽的一种干燥方法。其主要优点是干燥后的物料保持原来的化学组成和物理性质（如多孔结构、胶体性质等），热量消耗比其他干燥方法少。

冻干设备

1.3.2 技术特点和关键指标

冻干技术的特点为：

冻干技术在低温下进行，因此对于许多热敏性的物质特别适用。

在低温下干燥时，物质中的一些挥发性成分损失很小，适合一些化学产品、药品和食品干燥。

在冻干技术应用过程中，微生物的生长和酶的作用无法进行，因此能保持原来的性状。

由于在冻结的状态下进行干燥，因此体积几乎不变，保持了原来的结构，不会发生浓缩现象。

干燥后的物质，加水后溶解迅速而完全，几乎立即恢复原来的性状。

关键指标：冻干面积、冷凝温度等。

1.3.3 技术应用

冻干技术在低温下进行，能排出95%～99%以上的水分，使干燥后产品能长期保存而不致变质。目前，已经采用冻干技术加工的烹饪原料有肉、蛋、鱼、蔬菜等；土特产品有蘑菇、黄花菜、香椿芽以及各种山野菜等；调味品有葱、姜、蒜、辅料、香料等；食品工业用的原料有奶粉、蛋粉、植物蛋白粉、茶叶等，补品有花粉、蜂王浆等。

1.4 微波干燥技术

1.4.1 技术原理

物料与微波直接作用，物料中的极性分子（水分子等）吸收微波，并在微波的作用下改变原有分子结构，呈现方向性排列；极性分子随外电磁场的变化进行极性运动，并以与微波频率相同的速度（915MHz的微波下极性分

微波干燥设备

子运动速度为9.15亿次/s）进行摩擦碰撞产生热能，使物料从内部在短时间内温度升高达到加热和熟化效果。

1.4.2 技术特点和关键指标

微波干燥技术的特点为：

实现物料的无污染和均匀干燥，可大幅降低干燥温度。

干燥速度通常提高数倍以上，生产效率大幅提高。

干燥能耗通常降低50%以上。

实现安全洁净生产。

关键
指标

最高工作温度、微波频率、微波泄漏量等。

1.4.3 技术应用

微波干燥技术多应用于食品、药品、医药原料的干燥，在农产品加工领域主要是大米、面粉、花生、大豆等的干燥、杀虫、防霉处理。微波干燥技术适用于大型粮食加工企业，主要设备类型为微波干燥机。

附录❷
农产品机械冷库贮藏技术

农产品仓储是通过仓库对农产品进行储存和保管的过程。农产品贮藏的方式有常温贮藏、机械冷藏、气调贮藏和其他贮藏方式等。其中，机械冷库贮藏技术是目前最普及的果蔬保鲜技术，其特点是贮藏环境条件可控性强、贮藏效果好。

2.1 技术原理

机械冷库贮藏是通过制冷剂的状态变化来完成的。冷库是食品冷藏加工企业的主要组成部分，担负着易腐食品的冷冻加工和储藏任务，起着促进农副渔业生产、调剂市场季节供求、配合完成出口任务的作用。

果品冷库

冷库的制冷原理：液体制冷剂在蒸发器中吸收被冷却的物体热量之后，汽化成低温低压的蒸气，被压缩机吸入，压缩成高压高温的蒸气后，排入冷凝器，在冷凝器中向冷却介质（水或空气）放热，冷凝为高压液体，经节流阀节流为低压低温的制冷剂，再次进入蒸发器吸热汽化，达到循环制冷的目的。这样，制冷剂在系统中经过蒸发→压缩→冷凝→节流四个基本过程完成一个制冷循环，如附图2.1所示。

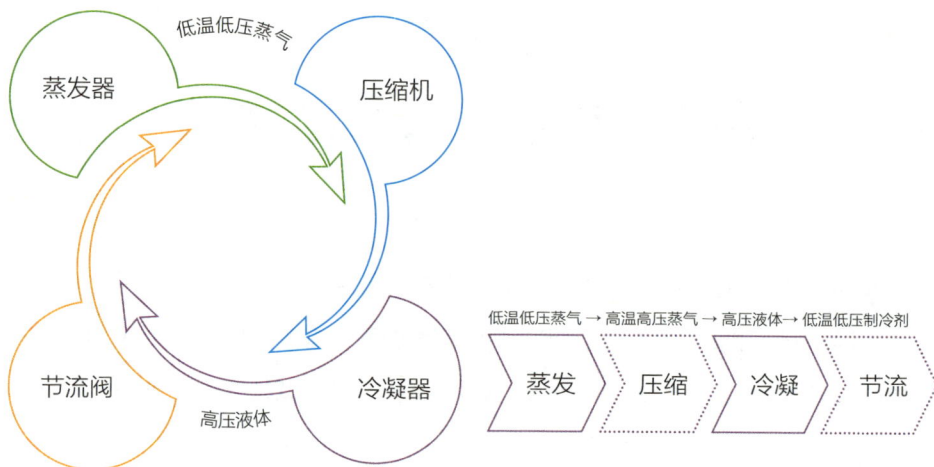

附图2.1 冷库的制冷原理

2.2 技术特点和关键指标

机械冷库贮藏技术的特点为：

乡村建小型冷库投资单元容量小，容易控制，出入库方便，降温迅速，温度稳定，耗电少，自动化程度高。

冷库的墙壁、地板及平顶都敷设有一定厚度的隔热材料，以减少外界传入的热量。

冷库建筑要防止水蒸气的扩散和空气的渗透。

关键指标

工作温度、制冷量、功率或耗热量等。

(2.3) 技术应用

冷库主要用于对食品、乳制品、肉类、水产、化工、医药、育苗、科学试验等的恒温贮藏。对于乡村需冷藏储存的农产品，适合建乡村小型冷库群，总容量可达到数百吨、上千吨的规模，它的总投资与同等规模中、大型冷库相近。小冷库群的灵活性、可操作性、自动化程度、节能效果和经营效果要大大好于中、大型冷库，适用于广大农村多种农产品储存。

附录❸
农产品深加工技术

农产品深加工技术有很多，很多农产品加工过程中需要采用多种加工技术，这里主要介绍压榨技术和杀菌技术。

3.1 压榨技术

3.1.1 技术原理

压榨技术是借助机械力的作用，将油脂从物料中挤压出来的方法。油料在榨油机榨膛内推进过程中，榨螺螺纹参数逐渐变化，榨膛逐渐变小，物料被推进经过每一节榨螺时受到的阻力越来越大，产生的挤压力也随之增大，从而将油脂从料胚中挤压分离出来，油脂经榨圈的油槽流出，分离后发料胚继续受到压力而发生塑性变形，形成油饼从出饼口挤出。按压榨取油的深度以及压榨时榨料所受压力的大小，压榨油可分为一次压榨和浸出取油配合的预榨。

3.1.2 技术特点和关键指标

压榨技术的特点为：

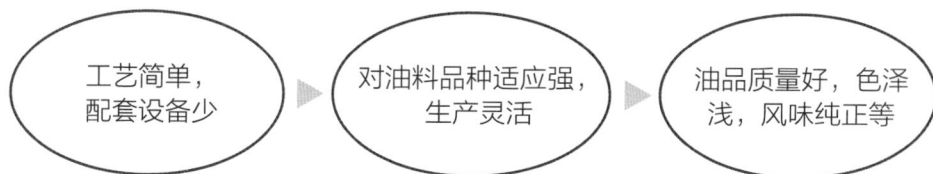

工艺简单，配套设备少 ▶ 对油料品种适应强，生产灵活 ▶ 油品质量好，色泽浅，风味纯正等

> 关键
> 指标　处理量、出油量。

3.1.3　技术应用

压榨技术由于不涉及添加任何化学物质，榨出的油成分保持较为完整。我国冷榨大豆油是将大豆清理或水洗，调节水分及温度（60℃以下），经破碎、轧坯、压榨而得。其他如蓖麻籽及芝麻等也可经冷榨制成优质医药用油。压榨技术还可用于榨取可可豆、花生、大豆、菜籽等种子或果仁中的油脂。

3.2　杀菌技术

3.2.1　技术原理

杀菌技术是将密封于弹性容器内的食品置于水或其他液体作为传压介质的压力系统中，经100MPa以上的压力处理，以达到杀菌、灭酶和改善食品的功能特性等作用。它通常在室温或较低的温度下进行，在一定高压下食品蛋白质变性、淀粉糊化、酶失活，生命停止活动，细菌等微生物被杀死。

3.2.2　技术特点和关键指标

杀菌技术的特点为：

> 与传统的热处理相比，减少了由于高热处理引起的食品营养成分和色、香、味的损失或劣化。

杀菌效果更好更彻底。

关键
指标

最低生长温度、最适生长温度、最高生长温度。

3.2.3 技术应用

杀菌技术主要适用于各种饮料、流质食品、调味品及其他各种包装的固体食品。新型食品杀菌设备有超高压杀菌机、电阻杀菌锅、微波杀菌机、巴氏杀菌机等，主要应用于饮料加工企业、奶制品加工企业等。